Talking with Dogs and Cats

猫猫狗狗

心灵一点通

[美] 蒂姆·林克 著
周静茹 相翠萍 译

中国友谊出版公司

图书在版编目（CIP）数据

猫猫狗狗心灵一点通 /（美）蒂姆·林克著 ；周静茹，相翠萍译. -- 北京 ：中国友谊出版公司，2019.5

书名原文：Talking with Dogs and Cats

ISBN 978-7-5057-4649-7

Ⅰ. ①猫… Ⅱ. ①蒂… ②周… ③相… Ⅲ. ①猫－动物心理学－通俗读物②犬－动物心理学－通俗读物 Ⅳ. ①B843.2-49

中国版本图书馆CIP数据核字(2019)第057330号

著作权合同登记号 图字：01-2019-0775

书名 猫猫狗狗心灵一点通
作者 [美]蒂姆·林克
译者 周静茹 相翠萍
出版 中国友谊出版公司
发行 中国友谊出版公司
经销 新华书店
印刷 天津嘉恒印务有限公司
规格 880×1230毫米 32开
7.75印张 143千字
版次 2019年6月第1版
印次 2019年6月第1次印刷
书号 ISBN 978-7-5057-4649-7
定价 45.00元
地址 北京市朝阳区西坝河南里17-1号楼
邮编 100028
电话 (010) 64678009

献给我身边的萌宠们，为它们教给我的关于动物的一切；

献给我的妻子金姆，为一路走来她所给予我的支持。

目录
contents

前言

多年来我一直从事狗狗的行为研究工作，从不放过任何可行的方法、技术以及理论，然后取其精华去其糟粕，留下其中行之有效的部分，摒除剩余那些在我看来徒劳无益或不近人情的部分。随着宠物训练理念的逐步成熟，狗狗和猫咪在家庭成员中的地位日渐重要，我们也越来越懂得该如何让它们更好地融入我们的生活。举个例子，在过去的 10 年里，关于犬类认知与行为的研究如雨后春笋般涌现，其中不乏世界最卓越的科研型大学和研究机构所探索出的惊人发现，这极大地改善了我们动物朋友的生活。这项工作并非是那些身着白大褂的学者泡在传统实验室里完成的，而是需要研究员成天跟普通的狗主人待在一起，让狗狗们在日常生活中做一系列的趣味游戏，或与它们进行交涉并使其接受各种刺激的挑战。由于科技的发展进步，而今我们可以实时观察到犬类大脑对某些刺激所做出的反应，能够收集到更多的证据来验证我们早已熟知的理论：狗狗是一种聪明、感性、有感情的动物，激励和友善对待它们可以加速其学习认知的进程，而不能用老一套方法对其进行惩罚、施加痛苦或予以恐吓。

作为一名科技咖，我相信科学研究和自主观察所得出的结论，因为我坚信任何理论都需要有真凭实据支撑才能将其传授给他人。我首先得确认在狗狗和猫咪的教育问题上，我推崇的这种正向积极、非强迫性的训练方式是最有效、最人道的，这样我才能安心地将其推荐给我的客户。我之所以将其进行推广是因为我深知它有大量翔实的科学调研实例做支撑。虽然还有许多未知领域等着人们去探索，但这也正是动物行为研究如此妙趣横生的地方。

比起犬类认知与行为研究，动物交流领域的研究所处的发展阶段与之截然不同，但它正是我们这些爱科学且善学习的人所要尝试去做的。我承认自己也觉得这种与动物交流的行为有点奇怪，因为我并不能完全理解它。不管我怎么想，蒂姆·林克却丝毫不觉得此行为有何奇怪之处。他是一个特别正常的人。我这么说并没有恶意，我只是想说，如果将来您能见到他，您就会知道他是一个多么实在的人。但有一点毋庸置疑，林克拥有一种像我这样的普通人无法完全理解的能力。他善良、绅士且才学渊博，多年来一直在帮助人和宠物解决各种麻烦，只不过他所采用的方式比较独特而已。

《猫猫狗狗心灵一点通》中包含了大量实用信息，讲述如何处理宠物日常的行为问题，并给我们提供了一些较为抽象的方法使我们和爱犬或宠喵的关系更上一层楼。不仅如此，林克还通过大量的信息与我们分享如何提高我们自己的生活质量，如何像我们的动物朋友那样活在当下，而不是沉湎于过去或者幻想于未来。我们都需要停下来，着眼于当下的生活。然后，也许，我们就能和我们的宠物建立起更深的联系。

尽管对此领域仍不太在行，但我的思想很开放，知道原来动物的“第六感”并不是天方夜谭，如果多花点儿时间，我们也许能挖掘到自己更深层的能力，获得以前想都不敢想的技能：我们可以更简单地理解我们的宠物，并与这些珍贵可爱的伙伴更好地进行交流。不管您信不信，我敢向您保证，正能量能带给我们的宠物正面的影响。更多地了解它们自身的敏感性及其感情需要，就能更快地使我们与动物之间的理解和交流更上一层楼。

——维多利亚·斯迪威尔

动物星球频道《训狗完全手册》明星

《正向训狗》和《训狗完全手册》作者

维多利亚·斯迪威尔正向训狗公司总裁

简介

如何开始沟通

你是否注意过，狗狗和猫咪彼此间有它们独特的交流方式。此处我并不是指打招呼时它们互闻屁屁的行为，也不是指它们发出的声音，比如吠叫、哼哼、号叫、呼噜、喵喵叫或者嘶叫。虽然这些都是它们彼此交流的特有方法，但其沟通方式远不止这些。而我想说的是一种完全不同的、常被其主人忽视的沟通方式。它们不借助任何声音、姿势或动作就能完成交流。无须发出任何声响，它们就知道对方的需求或想法。

你可能见过两只狗狗在大落地窗下并排躺着晒太阳，睡得旁若无人。它们会突然间一起醒来，全身抖一抖，伸个懒腰，从后门跑出去。狗狗怎么会知道对方想干什么呢？它们怎么可能同时从沉睡中醒来，然后一起从后门出去玩一会儿？是其中一只狗狗想出去，而另一只跟着？还是它们在完全醒来之前就已经通过快速的意念交流商量好了要一起出去玩？

作为人类，我们可能会想“我的狗狗到底在想什么呢？”，或者“我家的喵星人到底喜不喜欢我为它们做的这些”。天性使然，我们就想知道狗狗和猫咪们在想些什么。而更重要的是，我们爱自己的宠物，总是想方设法让它们过得开心，拥有健康的身体。它们将无尽的陪伴和无私的爱都奉献给了我们，而我们也想用同样的方式回报它们。我们想竭尽全力让它们过上最好的生活。您是否也曾自言自语：“我多么希望自己能像家人那样跟它们聊聊天”？好吧，我现在就可以告诉您，您可以的。您只需要敞开心扉、打开心灵之窗，并坚信自己能做到。

每只小猫小狗，还有其他的小动物，都有自己的心声。在这本书中我主要介绍的是狗狗和猫咪，因为它们是最常见的家养宠物。然而，这些年来，我在工作中有机会和家畜主人待在一起，他们家里养着马、羊、猪、鸡以及其他几乎所有能在农场见到的动物。我还接触过各种生活在野生动物保护区、动物园以及水族馆里的动物。我曾与教室里养着兔子、乌龟、鱼，甚至蛇的学校有过合作。不管它们是毛茸茸的、身披羽毛的、长着鳞片的，还是庞然大物，我都尽力与它们聊上一聊。每种生物都会用它们自我感觉最舒服的方式去沟通交流，不管是通过单独的画面、颜色、语言、气味、味觉、情绪，还是通过以上几种任意的组合。每种动物都有情感，亦有心声。如果您敞开心扉去聆听，所有的动物都愿意与您倾诉。所以，虽然在此我主要关注的是狗狗和猫咪，您大可用我介绍的方法去触类旁通。

我们的狗狗和猫咪不仅能互相传递信息，它们还想把所有的一切都告诉我们。有时候它们想告诉我们它们身体不舒服了，有时候是它们想要找点乐子，比如去散个步、出去玩一会儿，或者要个玩具。还有时候，它们想告诉我们它们知道我们的生活正经受着困难挑战，它们想要贡献自己的一份力量。而更多的时候，它们都在试着更好地理解我们需要它们做什么。没错，所有的动物都有话要说，它们只是在等我们去倾听——等我们静下心来，敞开心扉，去听、去看、去理解它们想与我们分享的语言、画面和感觉。

通过心电感应，我们与我们的狗狗和猫咪紧密相连，这种联系之深是无法用语言表达的。这是潜藏于我们内心，直逼我们生命核心的一股神奇的力量。我们能够感受到它，但却无法准确描述其深度。我们的狗狗和猫咪是我们家庭的一分子，我们像爱其他家人一样爱它们，有时候甚至爱它们胜过爱家人。我们与宠物间的感情，可以像我们生活中的人类情感那样深。它们是我们的忠实伴侣，带给我们快乐、爱和欢声笑语，并不索要多少回报。从我们与它们第一次眼神相交开始，我们就应该不断努力与其深层次地心意相通。

放慢脚步，与我们的宠物心灵相通

我们都有能力与宠物建立更紧密的联系，并与其进行更深入的交流。我们需要做的只是多花点时间，弄清楚怎样才能与它们深入交流。这个世界太匆忙，我们甚至很少有机会放慢脚步来体会一下自己的真实感受，更不用说更好地去理解我们的宠物了。

您是否曾一觉醒来，就开始了每天的日常工作，等您终于为自己空出一点儿时间时，却只能感慨这时间都去哪儿了？您是否曾试图问自己是不是做到了今日事今日毕？你还能想起昨天的三餐都吃了什么吗？其实，不管是对我们还是对宠物来说，按部就班的日常工作不见得是一件坏事。不过，例行事务通常都很枯燥，也并不能帮助我们更好地认识自己，更别说理解我们的宠物了。花点儿时间，放慢节奏与内在的自己沟通，对于我们的成长与幸福至关重要。慢下脚步，与我们的狗狗和猫咪进行深入交流，对它们的成长和幸福也至关重要。

我们都需要集中精力，活在当下，这样才能与我们的宠物培养出更深厚的感情。宠物们从来都只活在当下，它们从不沉湎于过去，也从不苦等未来。我们也需要像它们那样，努力活出当下每一刻的精彩。只有这样，我们才能更好地理解我们的宠物以及身边所有的生物，并与其更好地进行沟通交流；也只有这样，我们才能了解内在的自我。

怎样与动物沟通

这本书会教您按以下这些方法去做：

- 理解和动物沟通的基本方法；
- 与您的宠物建立良好的关系、更好地理解它们；
- 静下心来倾听宠物的心声；
- 相信您从狗狗和猫咪那里获取的信息；
- 通过与您的宠物进行沟通来改善其行为举止；
- 理解变化对您的狗狗和猫咪所造成的身心影响；
- 与您的宠物建立更深的感情。

还有一点十分重要，请记住动物和人一样，有自己的自由意志。虽然与它们沟通能够看到一些显著或缓慢的成效，但是宠物们不会总对我们百依百顺。举个例子，我以前养了一只博美犬，名叫宝宝。我们领养它的时候，它已经快10岁了。在一个雷电交加的夜晚，公寓的管理员发现了蜷缩在走廊角落里的它。我们立即发现了宝宝身上的一个问题。当它意识到自己要被抱起来时，因为紧张，尿在了地板上。我们把它送到兽医那里后发现，它屁股上也有伤，每次被抱起来的时候，它都会乱叫。每次抱它前，我们都会与它沟通，让它理解我们的意图。过了几个月，它不再乱叫，也不会再因为紧张而尿在地板上了。所以，请记住，尽管与其沟通非常重要，但这可能需要您付出大量的时间、耐心和爱。当然，在沟通没有积极效果时，我们也需要适当地调整策略。

我写本书的目的就是想为您提供一个直接有效的方

法，帮助您和家中的狗狗或猫咪更有效、更深入地沟通。这也能够帮助我们解决在照顾它们的过程中遇到的日常问题。

在这本书中，我会教您用最有效的方式与您的狗狗或猫咪交流。此外，我还会分享许多我与家里宠物们之间有趣的故事——我曾经养过的和正在养的汪星人（巴兹、伍迪、克莱默、达斯特、宝宝、尼西和强盗）以及喵星人（凯蒂妈妈、娜塔莎、罗斯蒂和阿什）——也会分享与客户家宠物之间的趣事儿，给大家展现真实的例子。读完这本书，希望您会更具洞察力，在生活中更好地加深和密切您与喵星人、汪星人之间的联系和感情。亲爱的读者，您意下如何？现在，我们就开始一起探讨吧！

第一章

人与动物的关系

既然您正在翻阅此书，那我想您家里应该养着或者曾经养过狗狗和（或）猫咪。我相信您一定会说自己对它们爱得深沉，谁也无法割舍你们之间的感情。有时候，它们需要花一点儿时间来完全融入我们的生活。但对我们大部

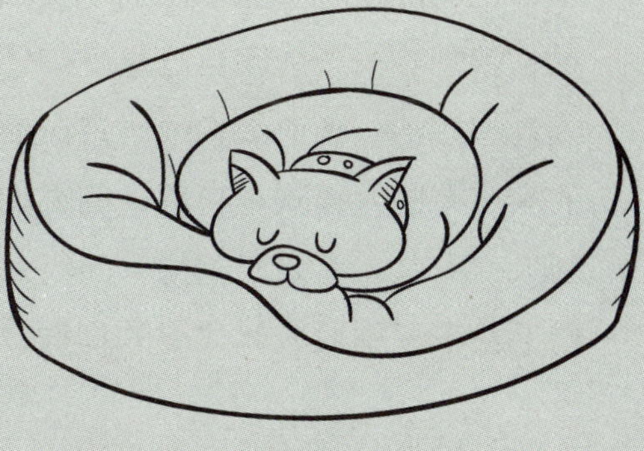

分人而言，自打看到它们的第一眼开始，便对其萌生爱意，我们不愿想象如果没有了它们，我们的生活会变成什么样儿。它们那可爱、甜美和温情的小脸儿总让我们面露微笑，那双充满灵性且与我们心灵相通的眼睛和对我们纯纯的爱意总让我们招架不住。它们有个性，活泼自由，对生活充满无限朝气，这些美好都是不争的事实。用不了多久，它们就能俘获我们的芳心，使我们笃定且毫无保留地与它们紧紧地绑到一起。

每只小猫小狗来到我们的身边，都有其特殊的原因和目的，可不仅限于给我们做伴儿。诚然，它们从方方面面丰富了我们的生活。但过去的这几十年里，我一次又一次发现，它们于我们的意义远非如此。

我们都愿意相信自己选养的狗狗和（或）猫咪会成为我们生活不可或缺的一部分。当初您可能选养了自己最喜欢的品种；也可能选养了小时候与自己一起长大的那种类型；也可能就您所能掌控的个头做了选择；或许您本性好动，就想养一条能和自己享受户外乐趣的狗；也或许只是因为您想给一条流浪狗或一只流浪猫一个安稳、充满欢乐的家。有些人喜欢小巧玲珑的狗狗，而另一些人则偏爱大型犬；有些人喜爱厚毛狗，而另一些人则偏好短毛狗或那些毛发不易引发人体过敏的狗狗。或许，您想养一只这样的猫咪：闲暇时，您蜷在客厅沙发里，它会趴在您的大腿上，享受被您宠爱、为其梳理毛发的时光。而有些人则想养那种独立性强，不介意主人在外忙碌的喵星人。无论出于何种选择，我们都坚信会与其共度此生。然而，你是否曾莫名其妙地把出现在自家或邻家门口的小狗或小猫强行带回家？是否曾在某次领养活动中逛一家宠物店时，出乎意料地带了一条小狗或一只小猫回家？是否曾在网上浏览某新品种的狗狗或猫咪时，发现自己与其中某张照片冥冥之中有种无法言说的联系，后来费尽心思地将其弄回了家？我们认为是自己选择了它们，但很多时候是它们选择了我们，不断带给我们意外的惊喜，教会我们当下生活最需要学习的东西。

我最初选养了两只标准型雪纳瑞公狗——巴兹和伍迪，因为这个品种的狗出了名的聪明并且容易驯养。另外有一点也很重要，那就是雪纳瑞属于低敏性狗，因为我妻子对大多数狗都有过敏反应。此外，标准型雪纳瑞约二十五磅重，这个量级陪我在公园里跑步似乎刚刚好；它们的个头不大，一辆车足以装下这哥儿俩；而且等它们老了，身体素质下降的时候，抱它们上下楼也不会那么吃力。

后来我意识到这些特性——宠物书本中能读到的和眼睛能看到的特征——仅是我们选养雪纳瑞最肤浅的原因。

我慢慢体会到比起这些皮毛——巴兹和伍迪来到我身边时，有不同的性格特征、目标追求和想学的东西——还有更多深层的原因。

于我而言，巴兹和伍迪不仅仅是我的爱犬和玩伴儿。它们还使我懂得欣赏和感恩生活中的那些美好；启迪我不能浪费生命中的每一分钟，要去寻找快乐之源——那些带给我欢笑、清晨能让我兴奋地爬出被窝的事物。在养巴兹和伍迪前，我没有真正的心灵寄托。除了工作，我几乎不会花时间关注其他事情。假如它俩不存在，我肯定不会考虑放弃公司里高薪的工作而去当一名全职作家，写与狗狗相关的东西，跟动物打交道。它们俩各自给予了我不同的礼物，使我此生永怀感激之情。

我生活中的喵星人，凯蒂妈妈、娜塔莎、罗斯特和阿什——曾经有十一只流浪猫来过我家，这几只便是当时没离开的猫咪——大多是它们选择了我们。在此之前，我从未自己养过猫咪，因为对猫过敏这个问题一直困扰着我（尽管我太太养了一只小暹罗猫，我俩在中学第一次约会时，我就很了解它了）。我曾与数以千计的宠物主及其猫咪们打过交道，也走访了许多动物收容所，包括我曾任职社长的一个当地动物保护协会。我一直很喜欢猫咪，总想待在它们周围，但完美的机会永远都不会从天而降。

自从猫咪们来到我家门口，一切都变了。我得好好了解它们四个，特别是凯蒂妈妈。我尽可能多地抽时间和它们待在一起，每只猫咪都在我心里占有一席之地。凯蒂妈妈跟我形影不离，不管我在室外的车库、家门口的车道还是门前的院子里，它就坐在我身边，监督着我的一举一动。这些年来，我们俩的感情越来越深，它能选我当自己的人类同伴，我真心为之感动。

多年来，我见证了无数次这样的事例，宠物们选择自己的主人并为其带去了意想不到的惊喜。约翰在遇见他的狗狗前是个不折不扣的酒鬼。当时他的狗急需调教和驯养，可约翰喝酒时根本无法把心思放在这上面。因此，约翰戒了酒，集中所有的精力来驯养他的狗狗。

米歇尔当时正经受离婚之苦，她闷闷不乐，也丧失了对生活的信心。为此，她那几个已长大成人的子女就决定以她的名字领养一条狗狗，给她做伴儿来分散她的注意力，避免她深陷困境、难以自拔。别说，这招儿真的管用！米歇尔又快乐了起来，正是那条狗狗让她重新找到了新的生活目标。

艾伦为工作倾其一生，结果身体每况愈下，于是他断绝了同他人的一切社交往来。有一天，一条流浪狗出现在他家门口，他心生怜悯便决定请它到自己家住。过了几天，他决定带着它去上班。白天他会利用很多空闲时间带狗狗去遛弯、锻炼。遛狗的过程中，他遇到并结交了新朋友。在狗狗的帮助下，他的身心又恢复了健康。

我知道我们的狗狗和猫咪选择了我们，出现在我们的生活里，有其特殊的目的。有时候，它们的到来刚好诠释了我的牧师说的那句话：“脑袋被一块标准的 2m × 4m 的木板击中。”于是我们脱胎换骨、彻底觉悟，改掉不良习惯或潜心学习自己真正所需的东西。一旦它们融入了我们的生活，我们就会领悟为何它们在某个特定时间里出现，并感恩于此。

第二章

给动物们表达心声的机会

动物是家庭的重要组成部分，不仅会对我们的生活产生深远的影响，还会潜移默化地影响着我们的品性。在许多家庭里，动物的数量超过了人。那么，它们为何不能自由地表达心声呢？

动物们能互相沟通并理解对方，通常会建立起深厚的感情。我那两条雪纳瑞，巴兹和伍迪就是形影不离的好朋友。巴兹生性好玩儿，从不为琐事所牵绊，凡事都顺其自然。它从不吵闹或小题大做，对伍迪的强势个性也是忍让有加。而伍迪呢，它特别顾家，喜欢与家人和朋友待在一起。但有时候，它需要一段时间来接受日常生活中出现的那些新变化和新面孔，不管是人还是动物。但对巴兹而言，这都不算个事儿。当伍迪焦躁不安时，巴兹就会安静地蹲在它身旁，直到它平静下来。这时候，巴兹会倚着伍迪，仿佛是在给伍迪一个爱的抱抱以示安慰。

有一次，我们带回家一位新宠物保姆，并介绍给伍迪认识。以前伍迪也见过宠物保姆，知道这意味着白天我们要把它交给保姆看管或者我们要外出度假。这时，它开始不停地发出声音，用两条前腿抱住我的一条大腿，恳请我留下来。它的身体在颤抖，竖着的耳朵也耷拉了下来。我只好跪在地上，紧紧地抱着它，安慰它，跟它解释情况。大概和它交流了十分钟，它搞懂了原来我们只是要出去一个下午后，才最终安静了下来。通常，妻子和我会花更多的时间跟伍迪沟通，确保它清楚身边所发生的一切。值得庆幸的是，伍迪很聪明，很快就能把事情弄明白。

而巴兹当时则摇着尾巴欢快地向新来的宠物保姆示好，还欣然接受她的拥抱。这可不是它招呼人的一贯作风，这次之所以这样做是因为它知道得让伍迪看到这位新保姆会和它们玩儿并照看它们，得让它知道一切都没问题。通常情况下，巴兹并不会表现得如此外向，也不会像伍迪那样哼哼唧唧。它只会静静地待在伍迪身边，等它恢复平静。我深信在此过程中，它一定对伍迪进行了疏导和抚慰。

平日里，巴兹总是表现得很安静，即便它有需要或不高兴，而我们又对其不理睬时，它也仅会闷声咕哝几下以示不满。伍迪则有事没事儿都喜欢哼哼唧唧，经常汪汪叫、咆哮，暴躁不安时还会发出那种惊惶失措的尖叫声。一般来说，家里有一只狗狗吼叫，其他狗狗就会应声加入。幸好，巴兹知道小伙伴伍迪生性爱叫，也基本不会附和它。这么多年来，这种平衡有效地调节了它们的生活。虽然巴兹容许伍迪发出各种声音，但自己却选择用一种与众不同、更安静的方式来表达自己的心声。

我那四只半流浪猫，对它们猫群事务的处理方式都会发表自己的看法。而且它们还会跟我交流，毫不犹豫地向我表达自己的心声。它们磨蹭着我的大腿发出咕噜咕噜的声音，这是在告诉我一切安好，它们很开心。猫粮给晚了的话，它们就会厌烦地喵喵大叫。当我在车库修车，清扫垃圾或者弄出任何声音吵到它们的时候，它们也会大声嘶叫以示抗议。

当然，它们也能通过无声的方式清晰明确地表达自己的想法。举个例子，我在后院散步或陪狗狗玩耍时，如果凯蒂妈妈有求于我，它就会紧挨着后门默默地趴在那儿。根据先前的经验，我知道这八成是在暗示我它想要更多的猫粮或者告知我其他几只猫咪不知道在哪儿。瞬间，就像接收到某种强烈的信号，直觉告诉我凯蒂妈妈原来正在试图跟我交流，想引起我的注意。这时，我会放下手头的工作，向后门望去。果不其然，凯蒂妈妈依旧一动不动地趴在那里。而狗狗们却接收不到凯蒂妈妈的信息，它知道只有我能倾听其心声并与它确认其诉求。所以，它不理会家里的其他猫猫狗狗，只与我沟通交流。

我们要与宠物们保持沟通并时刻注意它们的动态，这点非常重要。如果您就站在原地痴痴地等它们坐到您面前，嘶叫着或用恶劣的行径引起您注意的时候，您可能已经错失了倾听其表达心声的时机。不要因为宠物没有向您提出关注它们的要求，您就自认为它们的世界一切安好。很多时候，它们会直勾勾地盯着您看或向您靠拢，这便是它们试图和您进行交流的方式。

此外，倾听宠物们的心声也很重要。请您多花些时间和它们待在一起，多感知其能量状态，打开心扉去聆听它们想与您分享的所有信息。毕竟，就其需求而言，它们肯定各有所想、各有所好。既然它们是我们家庭必不可少的组成部分，那么对周边发生的一切，它们理应拥有自由表达心声的权利。

为了使我们的狗狗和猫咪更好地理解周遭发生的事情，我们应该更多地与其进行交流。这样，它们才能有机会跟我们分享其趣事和烦恼。跟我们的家人一样，它们理应有平等的机会了解发生了什么事情，它们该如何应对，搞清楚为什么这样做对它们和家人都是最佳方案。

在此，我并不是说它们该掌管我们的房子、车库、院子或家里的其他东西。尽管，老实说，我常常觉得自己老以家里的狗狗和猫咪为中心，而忽略了周边的其他事务。其实只要它们开心，我并不觉得这有何不妥。作为它们的人类朋友，我们有责任让其过上最好的生活。但在涉及对它们产生影响的事情上，我始终还是希望它们能把自己的看法或心声表达出来。请您相信，在一些问题上，它们往往看得比我们更透彻。通常，它们知道我们对它们有何期望，会尽量听从我们的教导。要不要更亲密地倾听它们的心声，更好地与其沟通交流，使你们之间的感情达到最佳状态，这一切都取决于我们。毕竟，不管是人还是动物，保持沟通渠道畅通无阻是彼此建立良好关系最有效的途径。

同时，能否让它们过上最舒适的生活也取决于我们能否不懈地为之而努力。与家里的狗狗和猫咪培养起牢不可破的深情厚谊，我们的人生才会因它们而变得充实且精彩。

那么比起与它们深入沟通，还有什么更好的方式达到以上目的呢？答案是，我们的眼界不该仅局限于那些被认可的传统沟通方法，而应该着眼于那些使其更死心塌地和我们待在一起的新方法。

在驯养过程中，手势和口令是两种重要的手段，能帮助它们快速理解我们的意图。同时，妥善运用精选的积极向上的关键词、意念和正能量，会使你们的关系变得更加密切。通过这种沟通方式，我们可以让其理解我们想让它们做什么并能收到良好的效果。此外，通过敞开心扉接受并认可我们从宠物那里获取的反馈，我们能够更好地倾听和理解它们的心声。如此一来，我们就能更深入地了解彼此，那么关系自然也会日益密切，继而我们会给予它们更多本该拥有的话语权。

第三章

与动物对话

现在让我们正式开启与我们的猫猫狗狗心有灵犀一点通的对话之旅吧!

以下是与我们的宠物有效沟通的三个简单步骤:

1. 大声讲出您想说的话;
2. 在脑海里想象该场景;
3. 用肯定的语气、充满正能量地与其交流。

那么接下来，让我们详细看看以上各个步骤。

1. 大声讲出您想说的话

很多人问我与动物“对话”究竟是什么意思。显然，我说的并不是人与人之间那种直接的口语交流，我怎么会指口头对话呢？动物不可能听懂我们所说的话，它们怎么可能听得懂呢？它们的听说能力异于我们人类，肯定和我们不一样吧？

事实上，当我们与其进行口头交流时，它们的确能够听懂我们的言语。虽然它们也会通过其他方式来感知我们的意图和情绪，但最为关键的是它们能够完美地加工、处理这些言语信息。所以，我们应该用人类的交谈方式与其对话。它们确实能听懂我们所说的话——甚至比我们理解得更加透彻。

2. 在脑海里想象该场景

尽管我们可以像人与人那样通过言语与动物交流，但跨物种交流（与任意动物进行交流的能力）最有趣的地方之一就是我们可以通过另一个层面来表达自我和接收信息。与人类相比，动物间的交流更倾向于直觉。不管它是群体中的一条狗、一只流浪猫、一匹马还是一只鹅，它们都是通过心灵感应和对方交流：它们能感知到其他动物的想法、需求和感受。不用发出一点儿声响，它们也能准确地知道彼此的情况。

同样，人类的交流也不仅限于通过言语来交换信息，实际上要比这复杂得多。对肢体语言的解析是人们学会如何驾驭社交的关键，对像语气和音调这些微妙声音元素的把握也极大地影响人们所要表达的意思。我们都很熟悉人际交流涉及的这些元素，当我们成年时，它们早已变成我们的一种潜意识而存在着。但对于跨物种交流而言，想要轻松驾驭这些元素却很困难。我们对猫猫狗狗肢体语言的直觉感应并不好，原因很简单——彼此的暗示信号不相同。紧张的时候，我们人类可能会用手抓捋自己的头发。狗狗们没有手，它们就无法模仿这个动作。然而，它们也有一套属于自己的肢体语言和其他非言语的暗示信号系统。焦虑不安时，它们可能会快速喘息、将耳朵耷拉到脑后，也可能会前后踱步或者转圈圈。随着您与家中狗狗交流起来越来越轻松从容，您就会弄懂这些信号了。但与此同时，您也可能被诱惑，过度依赖于言语交流而忽视了更多微妙的交流手段。

然而，想与动物完美交流，那所要达到的层次可要高深得多。在这个层面上交流时，能让彼此在更多的振动中产生共鸣，而不仅仅依赖于语言和声音。动物属于视觉物种。虽说口语很重要，但视觉影像和视觉思维也扮演着至关重要的角色。举个例子，当我们大声读一个单词或短语时，动物们在用耳朵听的同时，也会将我们所说的东西在自己的脑海里勾勒出一幅图像。

也许您没意识到这一点，但当我们跟动物对话的时候，我们的大脑会无意识地（尽管此书中，我们会尽量下意识地去做）映现出一帧与该单词或话语相关的虚拟视觉图像。相应地，我们的动物也会看见或记住这个场景。它们听到了我们所说的言语，但更重要的是，它们看到了我们为其演示的场景。而且，我们的语言越清晰，配图越精准，动物的反馈就会越快。

3. 用肯定的语气、充满正能量地与其交流

动物们能理解我们言语所蕴含的意思。驯养它们时，我们通过口令来传达自己的意图、需求或者对它们的期望。此时，我们会区别运用语调，根据指令的性质和紧急程度决定其声音的高低。通过不断重复这些指令，动物最终会向我们做出反馈。但遇到特殊情况呢？比如说，我们命令狗狗“站住”，而它却把我们的话当耳旁风。继而，我们会提高嗓门或者用生硬、消沉的语气和腔调再一次命令它“站住”。因为不得不重复这些指令，搞得我们心烦意乱、垂头丧气或者恼羞成怒。实际上，狗狗并不是恶意的不搭理您，或者因为它死脑筋，而很可能是因为它大脑读到的指令场景并不清晰，也可能仅仅是因为它选择避开您自带的那些负能量。坦白地讲，您能怪它吗？

一个人的精神或情感状态会影响信息的交流与传播。当宠物主对他们的爱宠使用正面的言语，保持乐观的心态时，宠物们往往会做出更好的反馈。当我们使用诸如“好孩子”“做得好”或“你是最棒的”这样的字眼，再流露

出像兴奋、愉悦或高兴这类的情感时，我们就能在高能震动的作用下自然而然地将我们想表达的东西灌输给它们。而这些高能信息更加清晰明了，令人感到愉悦，也就更易于被您的狗狗或猫咪所接收，并且它们也会更乐意回应您。

这道理其实很简单：变音法的正面运用会收到良好的效果。您的狗狗或猫咪都想让您高兴。为此，它们会尽其所能完成您交代的任务，不管是您外出时让它们看家护院、晚间保持安静，还是让它们去停车场那头儿捡一根树枝回来。

使用精准的语言和影像

跟动物说话时，我们得选用那些能够精准表达我们意图的话语。而更为重要的是，说话的同时，我们需要对展现给它们的视觉影像有一个清楚的认知。作为推荐，下面我给大家介绍一些方法：

- 用精挑细选的言语表达您的想法；
- 在脑海中把您所希望动物听到的东西或场景勾勒出来；
- 根据您所讲的内容和发射给动物的脑电波来设想一下预期的结果。

比如说，如果您正准备出门，想让家里的狗狗或猫咪回到笼子里去，您就可以在脑海里想象着笼子的样子并对着它讲："主人要出门办点事儿，你乖乖回到自己的小窝里趴着吧。"这时，您使用的语言越明晰，脑海里的影像越真切，它们做出的反应则会越迅速、越准确。

当您谨慎运用所选的字词句来表达内心想法和意图时，您所想要展现的直观视觉影像或场景就会很清晰。这样一来，狗狗和猫咪也就会更好地理解您对它们的行为期望并做出更好的反馈。举个例子来说，假如您想让家里的汪星人出门捡一根枝条回来，您需要做的是先在脑子里想象一下狗狗走出门，叼起一根枝条然后回来找您的场景。一旦脑子里有了这一连串的场景，接下来您就把门打开，让它出去叼一根木棍回来。与此同时，自己在脑海中描绘一下自己想要的结果。

练习：橙色球测验

为了更好地阐述我所讲的理论，我们现在将学到的理论放到实践中去操练一下。别担心，这个练习会很简单、直接。在此，您需要扮演一只猫或一条狗的角色，用切身的实践案例来揭示动物们是如何听取我们的话语、如何接收这些言语所对应的意念影像，以及如何积极应对的。我把这个练习称为橙色球测验。

首先要记住我讲过的动物从我们这里接收信息的理

论，大声说出“橙色球”。与此同时，把自己想象成一条狗或一只猫，然后再说一遍“橙色球”。现在请回答以下这三个问题：

1. 您听见“橙色球”这个词了吗？

2. 您是否想象了一下橙色球的样子或者其对应的字母组合？

3. 假如您听到这个名词并且在脑子里物化出相应的图像，那么针对第二题，您给出肯定答案后，是否会因为觉得已掌握了此练习的目的而自我感觉良好？

为此，如果您感觉不错，那么您的情绪已被调动起来，精神状态也更为饱满。而当我们积极乐观、充满正能量时，宠物们往往也会把最好的一面展现给我们。

我敢肯定当您大声说“橙色球”时，自己也听见了这个名词。毕竟，话是从您嘴里说出来的。然而，物体的可视化过程却具有主观性，它取决于说话时您脑海中所映现出来的图像。当您说“橙色球”时，您可能将其想象成一个橘色篮球或沙滩球，可能想象成一个实实在在的橙子，也可能您脑海里映现出来的是这个单词的拼写过程——O-R-A-N-G-E。

当您跟一只动物说“橙色球”时，它接收到的信息和您想表达的意思也许截然不同。它接收的影像可能是个发出吱吱声响的橘色球或者房间里某个橘色玩具。当您心事重重或者心情不好时，您的宠物会因此而感到困惑，这样信息交流可能就发生了错位。出于对您的担心，比起橘色球，它们会更加关注您的情感状态。这也是为什么您要用积极的态度跟它用意念清晰地将您所指的“橘色球”描绘出来的重要性所在。

我知道这个练习听起来有点可笑，或者过于初级。但是，它能够让您搞清楚宠物们是如何诠释、解析您的言语，而且还强调了清晰的可视化和正能量的重要性。肯定的词句、赞美之词以及我们对结果的积极预期，都会促使它们更好地回应我们。

我之前有一条波美拉尼亚小狗，名字叫妮思。它活着的时候，喜欢用嘴含着自己那个粉色橡胶皮球玩。通常我会把球扔到房间过道里，它就会跑去追球并将其逮住，在沙发周围转一圈，然后把球再还给我。每天这样跟它玩上几次，真的是一种享受，也是一天中很美好的一段时光。它有两个颜色不同，但各方面都一样的球。这两个球出自同一厂家，其质地和纹理一样，连味道也完全相同，只是一个粉色，一个橘色。

我们会把两个球一个个都扔出去，让它去捡粉色皮球。它呢，就会只把粉色球捡回来给我们。我们又把这两个球同时丢出去，告诉它只捡橘色那只，那么它就只会去叼橘色球给我们。因为它玩粉色球的频率更高一些，所以我们认为比起橘色球，它更偏爱粉色球。正因如此，偶尔在玩捡球游戏的时候，它会试图只去捡粉色球，而不理会橘色球。对于这种行为，我们则会及时叫停，用语言告诉它帮我们去捡橘色球，并且通过意念向其展示橘红色或者橘色球。这样它就会丢掉粉色皮球，去把橘色球捡回来。以后，一旦您按照本章节所讲的要领与其反复交流，您就能够对宠物们尝试其他类似的练习方法了。

第四章

相信您接收到的信息

在尝试与动物交流时，学会相信从它们那里接受到的各种信息，是我的客户和学生们必须克服的最大问题之一。学生们按照我传授的办法，与自己的狗狗或猫咪口头交流并设想其结果，通常会从爱宠那里接收到某种信息。有的会接收到只言片语，或者一连串话语。而其他人则可能会接收到一幅意象、一种感觉，或者整体感知到自己已经成

功地与其狗狗或猫咪搭上了线并进行了交流。但后来不知为何，他们却让怀疑这种东西偷偷溜了进来，说服自己相信他们所接收到的东西不可能是真实的。

他们开始认为，这些接收到的信息都是自己想象出来的。他们往往相信，正因为自己如此渴望从动物那里获取信息，所以他们接收到的东西一定是自己编造出来的。那好，我在这里告诉大家，您接收的信息都是真的，您应该对其深信不疑。当您和家里的猫猫狗狗交流时，请不要让自我怀疑干涉您从它们那里接收到的信息。

可悲的是，我们大多数人从小就被灌输了这样的思想，那就是我们只相信那些实实在在可以被证明的东西。整个社会充斥着一种“看不见、摸不着的东西，不可能是真的”观念。而我们很难自己想通这个道理：有些东西即使我们用手无法触碰到、用眼无法观看到，但它们依然可能是真实的。因为我们一直被这样教诲：只有可以被证明的，才是事实。除此以外的一切，我们都会很快地将其打折扣，即使这些东西是我们亲身所感、所见或所听到的。

“相信自己的直觉”和“跟着直觉走”，这些都是为大多数人所耳熟能详的俗语。我们的直觉，也被称为内心深处的预感或者天性，是我们获取真知的基础。它很大程度上决定了我们是一个什么样的人，也是我们最该信赖的东西。然而，我们越多或越过分地去分析一件事情，我们就越不相信自己感觉的真实可靠性。尽管深知应该相信自己的直觉，但我们还是怀疑它们。其实，我们大家都更应该相信自己的感觉并跟着直觉走——在我们跟狗狗和猫咪交流的过程中，直觉也至关重要。

刚开始与动物交流时，我很快便接收到它们发出的信息。和它们一起待在房间里，我轻轻坐下并开口向它们问问题，同时在脑子里相应地为其设想出一幅场景。最开始，问完问题后，我会从它们那里接收到一个或两个单词，也会接收到一幅它们反馈给我的心理图像。时间久了、练习多了，我开始能接收到一连串的词句并捕捉到大量的意象和感受。等我跟动物的交流能力见长时，我开始捕捉到它们的气味和味道；如果它们生病了，我还能感知到它们当前的身体状况。

进入四十岁以后，我跟动物沟通交流的天赋开始显露出来。那时候，这一切对我来说都还很陌生，对此也持相当怀疑的态度。刚开始时，我发现自己过度分析了接收到的信息，不知不觉中，这种行为导致了我的感觉和潜意识对接收到的信息产生了影响。而我的逻辑思维也在偷偷从中作梗，有时候我会怀疑自己所获信息的真实性。我曾自问：“这些东西都是真的吗？是不是自己凭空臆造的？能接收到信息可能就是因为我比较幸运，刚好猜到的。既然如此顺风顺水，也许我应该趁此大运去一趟拉斯维加斯或者购买彩票。”随着时间的推移和实践活动的增加，我明白了要坚信从动物那里获取的信息是真实的，我的天赋也得到了进一步升华。

当你敞开心扉跟动物交流时，采用积极平和的心态是相当重要的。这要求您的身体、心理和精气神儿不受外界因素干扰，三者要高度统一、无比和谐。这样，当与动物进行言语和意念交流时，您就能接收到自己想要的信息并对其坚信不疑了。现在，消除疑虑，信赖自己所获的信息，一切都看您的了。

第五章

心灵感应的基础要素

动物们把心灵感应作为彼此交流沟通的主要手段。例如，一群大雁需要改变队形时，领头雁就会换到 V 字的后端，利用雁群形成的气流休息一下。雁群中的其他大雁就会前移补位，一只新大雁就成了领队。很多加拿大大雁迁徙时，会从我家门前飞过。我曾跟雁群沟通过，问它们怎么知道该何时更换领头雁。就此，它们告诉我，这是因为它们彼此会通过心灵感应来沟通交流。

自19世纪80年代晚期起，科学家们就做了许多涉及心灵感应的成功研究。在该领域，伦敦心灵研究社第一个做了相关研究，并于1866年出版了一套上下两册的书，名叫《生命之灵》。澳洲土著和一些美洲土著通过心灵感应实现与他们部落内其他成员交流和传播，这早已为人们所知晓。此外，某些小于五六岁的儿童也懂得如何通过心灵感应来实现彼此间的自由沟通——不管他们相隔多远。只可惜，因其社会影响，人们不总支持这种心灵感应能力的发展。

“心灵感应”的定义是：通过思想、观念、感受和意念的传输，从另一个生命体（比如人或者动物）获取信息的过程。这就好比有些人生来就拥有各种各样的天赋一样——比如，歌唱得好或者擅长某项运动——同样，我们所有人天生就有靠心灵感应交流的能力。至于选择拿它们做什么，是否开发利用它们，完全取决于我们自身。

与人类不同，动物将心灵感应作为彼此交流的主要手段。它们无需担心来自社会或者同伴的压力，那些暗示它们仅该通过外在表现或言语方式进行交流的论调。无论何时，只要采用该书所描述的方式跟与动物们展开交流，您就会渐次与它们心有灵犀一点通，进而加深和强化彼此间的联系和感情，更好地了解对方。

静心、专注，开启心灵感应之门

要想与动物彼此心灵相通，您首先得放松身心，然后专注于此。只要能做到这两点，您就能轻而易举打开这扇心灵感应之门。

为使自己达到良好的精神状态，请记住深呼吸、放松身体、净化思想并敞开心扉。这样有助于您更加专注自我，集中精力，敞开心扉去接收信息。而为达此境界，最有效的途径便是采用导引式冥想法或者更传统的冥想方式。如果您对冥想了解不多，则可以看看相关书籍或者参加冥想课程。对于冥想对身心所带来的益处，大量翔实的记录已然在案，所以练习冥想对您绝无坏处。

然而，我们大可不必将冥想搞得那么正式。您不用非得点上熏香，盘腿席地而坐，轻唱着新时代的歌曲，一本正经、举止得体地进行冥想。假如这招儿对您有效，能够使您安静下来，达到平和状态，那么请您无论如何也要将其坚持下去。但您要清楚这样一点：达到相同效果的方法是多种多样的，而被选中的将会融入您生活的这种方法应该要适合自己。您的方法对错与否，永远不需要他人对其品头论足。我们应将其作为日常生活的一部分，而且怎样能带给自己愉悦享受和平和心态，就怎么来。至于所采用的冥想方式或者达到放松状态的方法，这些都是因人而异的。

置身于大自然、散散步、唱唱歌、读读书、听听音乐以及做做园艺也能把您带到冥想状态。除此之外，还有许多方式也能引领您抵达此精神境界。择一种特殊方式，寻一方心灵净土，使自己放松下来，不拘束于身边的一切。简单说，就是要执行一项任务：专注自我，打开心扉去拥抱周边的一切。此时此地，颇具启发性的想法会迸发而出，您会觉得创造思维活跃，状态也极佳。当身临其境时，心扉则彻底敞开，您就能接收到那些直觉信息、直观感受以及来自周边的爱意了。此时，您和周边一切可能的美好便会达到高度统一，觉得眼中的事物都充满生机，并相信一切都会有个好结果。当您感到自己充满正能量时，您的宠物们也会有同样的感受。

为净化自己的心灵、专注精神、完全打开心扉去接收那些信息，我将几种方法加以综合运用。每天带着我家狗狗去当地一个公园遛弯儿，便是其中的一种方式。连走带跑的肢体活动连同置身于大自然所感受到的精神刺激，让我又回归到自我状态。

此外，我发现跟我家猫咪们待在一起能使我身心放松。观察它们迷醉于周围虫鸟花草的样子，我就能感受到它们内心的那份安宁；看着它们自然地沐浴在阳光下睡懒觉，我也会融入到它们那安静的环境里。随便跟它们聊个天，抚弄一下它们柔软如丝的毛发，也能使我将生活中偶尔出现的消极和烦躁情绪抛到脑后。而喵星人，在教我们如何对待周边事物以及珍惜当下生活方面，绝对是一把好手。

所以说，当谈及放松、静心、专注自我和打开心扉与动物交流时，所用方法并无对错之分。只要找的方式行之有效，能达到上述境界，您就能更好地理解您生活中的猫猫狗狗，并通过心灵感应与它们建立联系。

收听您宠物的专属频道

在与不同种类动物进行心灵感应交流的过程中，它们有些选用言语与我沟通，而其他的则在交流时使用了图像、气味、味道或感觉等元素。动物间的交流带有丰富的感情色彩和强烈的主观意识。各自选用何种交流方式，它们要考量两个决定性因素：其一是它们自身的表现；其二则是如何与我达到最佳交流效果。

心灵感应式交流共有三种主要方式：第一种是感觉传输，这种最普遍，即便在动物界也是如此；第二种是感觉和 / 或心理影像传输，是人类最普遍使用的方式；第三种是言语传输，此方式最难，需要接受专业训练。

当心灵感应之“门”最初为我打开时 (2004 年初，在我和妻子金姆出席一场动物交流会时），我从动物们那儿接收到的大部分信息都是以一两个词传输的。大多时候，我也能接收到一幅心理影像图。这些影像可能是点点餐具的颜色，是路威最喜欢睡觉的地方，或是罗夫最爱的玩具。随着不断练习使用心灵感应术，我开始从与之交流的动物们那里接收到一系列言语或者更加具体的视觉影像。当此才能继续升华时，从它们身上，我接收到了感觉，并最终捕捉到了气味和味道。

通俗地讲，我喜欢将跟动物们建立心灵感应比作搜索某一特定的无线广播。举例来说，如果您知道自己最喜欢的那个乡村音乐频道是调频 103.9（FM103.9），那么您肯定不会把收音机拨到调幅 75（AM75）上去收听节目。实际上，每个人、每只动物都有自己单独的能量频率，就像每个无线电台在调谐钮上的位置也独一无二一样。本质而言，一旦您收听到正确的“频道”——您家宠物独特的能量频率——您就能体验到跟它心灵感应式交流所带来的奇妙体验。

起初，比起那些不在一起生活的动物，您与自家宠物的心灵感应式交流会更具挑战性。因为您对自家动物的情况了如指掌，所以彼此间的交流很容易掺杂先前形成的想法和感情。您可能会忽视自己接收到的信息，因为它们就活生生地站在您面前，而且您又了解它们的性格和行为方式。正由于您和它们太亲近，所以才更容易把并非从爱宠那里收到的信息灌输给自己。对动物们而言，同样如此。它们知悉您的性格，能感受到您的情绪。有时候，它们并不跟着您的思路走，而是回应给您一些并非您想要跟它们沟通的东西。在此，让我们把这些动物看作您家里的毛孩子。我们都知道，有时跟别家孩子对话要比跟自家孩子对话容易得多。因为自家孩子们知道哪个按钮可以按，哪个空子可以钻。同理，我们的宠物也知道，如果它们脉脉深情地看着我们或者高兴地向我们摇尾巴，我们就更有可能满足它们的需求，或者原谅它们那些并不被我们赞许的行为。神奇的是，小狗狗在我们脸颊上简单印上几个吻，或者小猫咪轻舔几下我们的脸蛋，就足以让我们忘记当初自己为何对其行为感到失望、懊恼。

通常，与家里汪星人和喵星人们待在一块儿时，我发现：为了让它们弄懂我想要对其传达的全部信息，我需要深呼一口气，集中自己的精力并静静地跟它们坐到一起。它们经常忙得不可开交，忙着玩耍、忙着四处奔跑，又或者忙着查看自己周围的情况，所以并不会全身心地倾听我想跟它们沟通的内容。此类情况下，我便顺势挨着它们坐下，轻轻地拍打、抚摸着它们，平和地跟每一只爱宠解释我需要与其交流的事项：它们需要怎么做以及为什么这样才会让大家都开心。借此机会，我也会看看它们有什么想要跟我分享的东西。对家里的每一只爱宠，我都与其保有特殊的关系。于此，有一点儿意义重大，那就是彼此间互相理解并恰好收听到对方的专属频道。

我那条雪纳瑞（名叫达斯特）很容易分神。它喜欢调查周边的一切。无论何事，它都会专注于此并执意去一探究竟。对我而言，遇到这类境况时，想要吸引它的注意力就更难了。不管我重复多少次指令，要求它到我身边来，它依旧会专注于自己手头上的事情。当它佩戴项圈时，我会谨慎地避免对其生拉硬拽。因为它只有九磅重，如果我强行拖拽，可能会把它弄伤。这时，我会停下手边的事情，深呼一口气，平和地向它传输信息，告诉它我们现在应该继续前行，并且用意念勾画出一幅我们前行的场景。这一招儿经常奏效：它会放下先前的执念，往前走。如果它依旧只顾自己的事情，我就蹲到它跟前，与它对话并传送给它一系列的心理图像，一幅幅地映现出那些我们需要继续前行去探索发现的他处。我会跟达斯特讲，我明白它很迷恋那根自己找到的小木棍（或者其他令它分神的东西），但我们得继续前行去探索新地域。我还会让达斯特知道，它找到小木棍，我为其感到高兴，但继续前行会使我们彼此都感到快乐。

凯蒂妈妈貌似能清楚地理解我的心灵感应式交流。出门前，我总会让它知道我要去哪儿、何时回来并要求它继续趴在自己的猫咪床上。回家后，我发现它正躺在小床上等着我。仅有那么几次，由于我回家比原定时间晚，它才没有遵守我们心灵感应所讲好的约定。那几次，我发现它等我回来时，待在车库门外。这场景就像是，我重回孩提时代，妈妈正在客厅里等我，并要求我解释为什么晚于宵禁时间才回家。就像面对我妈妈一样，我必须跟凯蒂妈妈解释清楚晚归的原因。幸运的是，凯蒂妈妈还未关我禁闭。

保证您和身边动物们的沟通渠道畅通无阻，这一点很重要。如若想跟身边的猫猫狗狗以及所遇动物建立起更深的感情，那么您可以布控的最关键一步棋便是与它们建立起心灵感应联系、相信您捕获的信息、敞开心扉向它们传递信息并接收它们的反馈。

第六章

尊重和理解每只动物的独特之处

狗狗和猫咪之所以十分尊重它们生活中身边的人类，部分原因可归结为我们人类是它们的守护者。我们确保它们有足够优良、健康的食物和纯净的饮用水；我们带着生病的它们去看医生；我们领它们在城镇周边兜风或者家庭度假的时候带它们去沙滩玩儿；我们带它们在邻里间散个长步或者去山间小径徒步；我们陪它们在后院、走廊或自

然步道和公园里陪它们玩耍。对它们来说，我们就是其渴望结交的伙伴，教它们本领的导师。

狗狗和猫咪会尽最大努力来了解作为其伙伴的人类。通过我们和他人对其的训导，它们学习本领。它们努力地想弄明白，我们想从它们那里得到些什么以及我们希望它们如何表现。它们绝不放过任何一个更好理解我们和讨我们欢心的机会。

反过来，我们也非常尊重身边的狗狗和猫咪。我们之所以尊重它们，是因为这种生灵的美妙和高贵；因为它们各自独特的性格：有的强势外向，而有的则害羞内敛。我们尊重它们的渴望和需求，几乎要绞尽脑汁想办法逗它们开心。

当我们试图彻头彻尾地了解它们时，挑战也随之而来。了解每一只猫咪或每一条狗狗，可能会是一项令人气馁的工作任务。我们经常面带困惑、挠头抓耳地捉摸："我的汪星人究竟想告诉我什么呢？"或者"我的猫咪为什么一直要那样做？"诚然，我们尊重它们，但是想要完全了解它们却是另一码事儿。

就拿我那如同白娃娃般的雪纳瑞达斯特来说吧。它喜欢捡地上的东西，并把所找到的一切都放进嘴里啃咬。如果是一根小木棍、一块松树皮或一片树叶，这倒也无所谓。但如果这东西可以食用，或者它认为至少可以咀嚼，它就会用嘴含着跑开。我曾碰见它试图咀嚼掉在地板上的面巾纸、袜子上的线头以及钢笔帽。如果在可及范围内，它会想办法将其弄到手，然后开始大力咀嚼起来。

达斯特年纪很小，我告诉自己它长大后就会摒弃这个坏习惯。毕竟，小狗就该有小狗的样子，天性如此，不是吗？但确保其安全和健康却是我的职责所在。于是乎，我便对其开始了进屋前的例行检查，查看其爪子、毛发和嘴巴以确保它没有私藏从后院捡来的落地树枝或叶子。这大概就跟保安例行安检一样，拍打其全身以确保它没有私运任何违禁品。在房子里，一旦发现它独自蹑手蹑脚地溜出去，我就知道得去找它了。这时，十有八九，它已逮住某种自知不该触碰的东西正起劲地咀嚼呢。

每次它霸占了不该碰的东西，我会立马要求它解释其缘由。为此，它告诉我“为了取乐”并且它“喜欢嚼东西”。我跟它讲，对其行为，我表示理解；但咀嚼自己在外捡到的，或者我们未曾给予的东西对其健康不利。所以，我对它提出了以下要求：如果遇到这些东西，不要理会它们。然后，我跟它解释：这样做既能保证自身的健康，又能让我高兴，因为这样以来，我就不用时刻担心它是否藏有可能对其有害的东西了。这样的解释，我知道它完全理解、认同。实际上，我们都抓到了要点：它允许我拿走它的小树枝或其他东西，不会做大惊小怪状；而它也有权监督我，妥善处理这些东西。

通过与达斯特沟通交流，它更好地了解到我们外出时它该做什么以及不该做什么。它年幼，喜欢在外面玩、锻炼，甚至嚼东西，对此我表示尊重。同时，我也更好地了解到它在外的需求，并尊重它只是爱玩儿的事实。

但我始终不能理解我家猫咪追赶小动物的行为嗜好。喜欢追捕是猫咪的天性之一，不管我跟它做多少交流，它的天性还是会时不时战胜一切，对此我表示尊重。但是我必须让它明白，无论它的天性如何，我都不希望它伤害别的动物。谢天谢地，从那时起，它带回已死小动物作为礼物的频率越来越低了。

独特的性格

任何狗狗和猫咪都有其独特的性格。这与其品种、个头、居住家庭或者家里其他阿猫阿狗的性格并无关系。每个个体都有自己的风格、喜恶、行为表现方式以及所需的关注程度。您也许听说过狗狗和猫咪有时候看起来很像它们的主人。但一条狗或一只猫的性格也可能像它们的主人吗？

我家另一条雪纳瑞伍迪在家时，总是很严肃。它监视着家里及其周围的一切，并确保弟弟巴兹每天都按部就班地做事，拥有足够的爱和关怀。如果家里有什么东西坏了，它会告知您并监督您将其修好，然后给你一个大大的“感谢的抱抱”，告诉您这事儿干得漂亮。此外，伍迪还经常隔着橱窗观察外面，看看是不是有事儿发生。比如说，如果它看见园艺师踏进我家院子，它就会汪汪叫或号叫以给我们以警示。巴兹则会跑过去看看伍迪到底在吵什么，然后跟着一起吼叫起来，直到我走到窗户那儿，承认自己也看见了园艺工人，并跟它们平静地解释，这些园艺工人是过来修剪草坪的。巴兹和伍迪的这些行为让我及时了解了情况，为此我表示感谢，同时也告诉它们如果大家一起回客厅玩会儿玩具，我会很开心。每当我对其表示感谢并告诉它们一切都很正常时，伍迪就会用后腿站立着，搂着我的脖子给我一个拥抱。而且它和巴兹会停止吼叫，跟我一起回客厅玩一会儿。伍迪可真是条心胸宽广又严肃认真的狗狗。

巴兹则和它的小伙伴截然不同。“逍遥自在先生”的它从不把事情太当真，时刻为乐趣而悦动，无论是在公园里奔跑、在镇子里兜风、享用最爱的大餐，还是跟家人共度时光。如果您指使巴兹做事儿，它会很乐意帮忙。只有当您久久解释不清自己意图时，它才会有些躁动。此外，巴兹还是个满怀爱心且简单快乐的小伙子。

我确信，伍迪和巴兹的性格是与生俱来的。但是这些年来，我慢慢意识到，它们性格里也有我太太金姆和我的影子。而金姆也觉得伍迪的性格更偏像她，巴兹则更像我。

这可能是因为金姆和我早就感知到伍迪和巴兹的性格，知道这俩兄弟适合我们夫妻；也可能是因为它俩已慢慢掌握了我俩性格、怪癖、声音以及感觉等方面的细微差别，并将其据为己有，为己所用。我不能断定确切的答案是什么，但也许和以上这两种原因多多少都有些关系。不过，我确实知道，它们让我们的家庭得以完整，让一切得以圆满。伍迪和巴兹彼此互补，就如同金姆和我一样。对所有人来说，这都是完美的平衡，阴阳互补，充满了爱和乐趣。

我家的猫咪貌似更随心所欲，很少关心身边发生的事情。它们观察着屋外或其最爱的饭堂和睡榻周边有何变化。尽管当我去邮筒取信时，它们会抬头看我一眼，但才不会自寻麻烦前来帮一下忙。当我拖着树枝或一堆灌木到后院废弃的木材堆丢弃时，它们也仅会扫一眼我行走的大致方向。但是，凯蒂妈妈除外。我在外时，它总会伴我左右。至于其他猫咪，似乎我所做之事很少能引发它们的兴趣。

当然，当我觉得猫咪们已经懂我时，它们却会令我大吃一惊。某天，我决定彻底清扫车库。扫帚已经数周或数月未曾光顾这里了。尘土掩藏于每个角落里，猫咪的皮球在地板上滚得到处都是，就像草原上的风滚草。每次剪草工人到访时，他们总会把那些散落的树叶、枝条和尘土吹进半开着门的车库里。不用说，车库简直一团糟。在此，我并不准备坐下来，跟您高谈阔论自己想要保持车库干净整洁的高昂兴致。毋庸置疑，我确有一张很酷的兴趣清单，但清扫卫生却几乎沦为垫底料。然而，一旦有兴致清扫时，我觉得这事儿也还不懒。

清扫车库时，凯蒂妈妈的兴趣爱好着实将我惊呆了。大多数猫咪只要一看见簸箕和扫帚从墙上取下来，就会一溜烟儿跑远。但凯蒂妈妈却对此很着迷，非但没跑开，还靠得更近了。每当我把灰尘扫到车道上时，它就会趴在某个车库门边上。等我清扫另一边时，它就会起身换到另一门边上去。最后，我会把剩下的一点儿灰尘扫进簸箕框里，然后将其倒到院子里的草丛边上。每一次挥动扫帚，它的眼睛都一直注视着灰尘、树叶和皮球被扫出去的路径。在整个清扫过程中，它都表现得很专注并监督着我的一举一动。

做园艺是我最讨厌的活动之一。依我看，园艺生活就该是品着黑皮诺葡萄酒，坐着看金姆种花草。我们开车去苗圃时，最经典的场景便是我坐在卡车里听球赛，而金姆去选花。到家后，我负责卸货、将其挨着花盆摆好、找来小铲子、撒好栽培土、把花盆里的土倒空，然后撤离现场。在装点花草和放花入盆方面，金姆比我懂得多得多，她能将其安置得更漂亮。如果这事儿让我来做，我就会先在盆里填土，然后在其中央位置挖个洞，然后把尺寸合适的花草都放进去。大功告成！

金姆一向是位园艺大师，这我早就知道。但我却没发现艾什，我家其中一只半流浪猫，也对这园艺颇感兴趣。金姆栽花时，它会观察金姆的一举一动。每当金姆在盆里多放一铲栽培土，它更是看得目不转睛。踩踏土层以保证根部埋实，平整土层并使其与盆口高度一致，这整个精细的过程，它都死死地盯住，不错过任何一个瞬间。有一次，金姆栽完花，她转向艾什，问它是否愿意帮忙一起踩实土层。没有丝毫犹豫，它便把小爪子放到花盆土层顶上，然后一次次地轻轻拍打着表层土，完成了此项工程最后的压实工作。它可是得到我们官方认可的园艺小能手哦！

我很快便总结出来：凯蒂妈妈和艾什的性格都跟金姆相像。它们做事或监督别人做事周密又有组织性，并且都坚持“一次性把事情做好”。

学会尊重猫猫狗狗各自独一无二的特性，对于了解它们的行为、需求以及品性来说，是相当重要的。只要您尊重本色的它们，它们也会尊重本色的您，即便它们搞不懂有时您所做的那些疯狂的事儿。

第七章

过去、现在和未来

对所有人而言，过去、现在和未来都是人生永恒不变的主旋律，但如何处之则完全取决于我们自己。试问，我们面对人生中那些或喜或悲的跌宕起伏时，是泰然处之，还是一蹶不振？我们感觉自己深受其害，还是感受到了周围的强大能量？我们是否深陷过去而不愿往前看，更别说享受当下生活？于此，如何处理过去、现在和将来的关系

则意义重大。而有时候，我们的狗狗和猫咪对此有更深刻的理解。

走进我们的生活前，我们的狗狗和猫咪都有一段属于自己的过去。它们有的来自其他家，或曾被人照顾了一段时间；有的生于饲养员的培育，或是某家宠物狗狗或猫咪下的崽儿，然后被当作小宠物认养或售卖。它们有的曾过着美好的生活，前主人对其爱意浓浓；而其他的则遭遇了先前生活的艰辛，备受人们的虐待或冷落。不管是上述何种情况，我们的狗狗和猫咪都难逃那段曾经。但它们不念过去，而是活在当下：它们吸取先前的经验教训并注重现在的生活，更不再驻足于过去。只要我们愿意，它们会从任何曾经的创伤中走出来。

跟动物不同，大部分人发现摆脱过去简直难如登天：我们过度浪费时间，纠结于过去那些本来能做得更好的事情，并为之感到遗憾；我们着眼于那些小时候未曾拥有的物质，将我们可能遇到的所有苦难都归罪于父母和社会。即便我们先前过得很美好，生活在满是爱意的大家庭里并被周围人悉心关照，但有时还是会希望过去能过得更好；抑或，我们可能会希望现在的生活能像“美好的过去”一样。我们耗费了太多时间和金钱去剖析过去，以至于我们忘记了要享受当下；与此同时，我们还挥霍了太多时间去想象人生真正的目标是什么，以及自己的未来又会是什么样子。

实际上，这一切都自有答案。我们需要做的仅仅是跟我们的狗狗和猫咪一样活在当下，并把每天都当成美妙、令人兴奋的一天来过。

说到那些从某动物救护组织或乡村动物收容所领养来的小狗或小猫，当我被领到它们跟前时，其人类同伴或养护者通常会跟我讲诸如此类的话："它是我们解救狗狗中的一只，名叫布迪。它被家里遗弃了，我们想了解它的过去以及它先前的生活有多么糟糕"，或"玛芬是我新收养的猫咪，我乐意并已给了它一个安全快乐的家。但我觉得过去它生活得肯定很悲惨，想知道那时都发生了什么"。每每如此，它们的人类同伴只关注其过去，而不考虑当前如何才能使其生活更加美好。当我跟宠物主们讲，狗狗和猫咪理解自己的过去但却活在当下时，他们都惊呆了。动物一旦知道自己已入安全之境并且有人为其保驾护航时，它们就会大跨步地摆脱过去，迈向未来。每只动物都有其独特之处，有的可能需要更长的时间来消除疑虑。但疑虑一旦消除，它们就会倾注全部的精力乐享当下。然而，只要我们继续关注其过去，它们就无法完全与过往挥手道别。如果我们不着眼于它们现在的快乐时光，而是抓着它们的过去不放，它们就无法舒心地享受当下的生活。

对于宠物经历的痛苦过往，您的心情可能会糟糕透顶，对此深表理解；但也请您把解救它们于水深火热之中作为一种契机，引领它们继续前行。过去即逝去，任何人都无法再将其改变，请勿再继续纠结于此；相反，让其过去随风而逝，这样您和它们才能一起阔步向前。

我家的猫猫狗狗大多都有一段不堪的过去，但现在您已看不出来丝毫痕迹。我们保证不再去纠缠我家那两条标准型雪纳瑞犬伍迪和巴兹那段过往的伤心事：因为那时它俩都已十个月大，狗主人认定其已错过了售卖时间，所以第二天就准备带它们去乡村动物收容所将其注射安乐死；还有我家那条小型雪纳瑞克雷默，曾被其前主人送回原饲养员那里，因为它跟女主人相处得并不融洽；至于我家的猫咪们，过去它们通通都在外面流浪，如果不完全是这样的话，那么至少都有一段在外流浪的经历。它们得到处找地儿睡觉、吃饭以及遮风避雨。所以说，即便动物们有种种不堪的过去，我们也不该重提旧事，这一点很关键。动物们都放手了，我们干吗还揪着不放呢！

我的客户达琳领养了一条小梗类犬，并想了解一下它的过往。通过与这只小狗交流，我得知它无心谈其过去。相反，它更有兴趣探讨探讨自己目前想做的事情。这只狗狗知道自己天生就自带治愈他人的本领，帮助他人恢复身心健康便是自己的使命所在。当我把这些分享给达琳时，她备感震惊，并跟我询问怎么做才能帮助她的小狗。我建议她让其参与治疗犬项目。要想成为一条合格的康复治疗犬，它必须过五关斩六将，通过一系列的测试。但我深信它定会成为一个很出色的狗医生，因为它曾告诉我这是其一生的目标。在此，我很高兴地告诉大家，达琳的小狗现在已经加入到国际治疗犬的大家庭，协助那些行动不便的孩子读书和治病。

关于该话题，我们应该紧跟家里狗狗和猫咪的步伐，卸下对过往的担心和忧虑，释放周身的负能量，专注享受当下的分分秒秒。如果您能给动物们增添美好的生活经历，努力做到以上几点，那么您和家里的猫猫狗狗会生活得更开心，未来也会更美好。

MILK

第八章

动物的情感及其对人类能量的敏感性

动物是否和我们人类一样，也为喜怒哀乐等各种情感所牵？当收到新玩具或被带到最喜欢的公园撒欢儿时，它们是否会为此而开心、兴奋不已？当被突然的声响吓一跳时，它们是否会感到恐惧？或者，当不知道主人何时回家时，它们是否会焦虑不安？当自己所爱之人或同伴离世时，它们是否会伤心难过？所有这一切，答案都是一样的：它们会！

我发现，我们的宠物会经历、体会到和我们人类同样的情感波动：享受美食或在外徒步时，它们周身充满正能量；摸不清周围人和事的状况时，它们焦虑、懊恼；深爱的人辞世，和我们一样，它们会为此悲痛交加。一次又一次，我亲眼见证了猫猫狗狗和我们人类一样，饱尝各种酸甜苦辣。

但动物们决不允许自己为其本我驱动的情感所羁绊。在它们的世界里，诸如权力、优越、恶意以及仇恨之类的情感是根本不存在的。这些情感只属于我们人类。对它们而言，只要能载其到喜爱之处，主人开什么车，它们才不在乎呢；如果有人错怪于它们，它们也不会纠结于此而想方设法对其进行打击报复；它们才不挖空心思地展现自身的优越性，或显摆自己的智商比其他狗狗和猫咪更胜一筹；它们才不彼此攀比，也不会在别的动物面前炫耀自己。所有人类这些受自我驱动的情感，对它们来说都很陌生。

此外，与我们人类相比，动物们对待情感的方式也大为不同：它们更忠于本心；它们处理周围发生事情的速度更快；如果碰到负面事件，它们会想办法尽快将其翻篇——因为活在当下，它们才不会像我们那样，让消极情绪长期占据心头。于我们人类而言，情绪不好或面对负面经历时，我们倾向于过度纠结于此。有时，我们自觉无法摆脱这些消极之感，继而让这些情绪愈演愈烈，直到把我们吞没殆尽。如果此类事情发生得太频繁或持续的时间太久，就可能会引发身体疾病。恰恰相反，当心情开朗或面对正面经历时，我们却对其极少关注，太过匆匆地让其销声匿迹。其实，我们应该认可这些情感并尽可能长久地享受它们。

对能量的敏感性

我们周围的每个活体都是由能量构成的，这适用于世界上一切的树木花草以及人与动物。有人会将其称为宇宙生命力或者万物的纯粹精华。对人类来说，我们经常称其为灵魂或精神；至于我们的猫猫狗狗，我们也可以用同样方式待之。无论是人还是物，大家都源于本源能量。出生时，我们各自选择了一个可以依附的肉体。等我们过上自己的日子，能量就会离开我们的肉体，回归同一宇宙源（您或者可以称之为时空）。

尽管我们都由能量构成，但每个个体的能量却是不同的，而这些能量状态会对我们所选择与之交互的任何一个生命体产生积极或消极的影响。我们应该时刻清楚我们的能量是如何影响他人的。

我们尤其需要认识到，我们和生活中的动物是有心灵感应的：无论积极或消极，动物们都能感受到我们周身散发出来的能量。

它们像海绵一样吸收我们的正能量，也喜欢我们状态良好时所释放出来的能量。当我们身体倍棒、精神倍爽时，一般而言，我们的猫猫狗狗的心情也定会不错，也会自感身心状态极佳；当我们对生活满怀信心，周围人都充满正能量时，我们眼中的世界便无限美好。此时，通常意味着我们的猫猫狗狗的世界也一片光明。保持积极向上并把肯定的话语和感受传递给我们的猫猫狗狗，这也是和它们成功沟通交流很重要的一部分。如若这般，我们的爱宠也会像我们对它们那样积极地回应我们。

运用肯定的言语，并以良好的心态跟它们分享东西，这会使您和猫猫狗狗的生活更加快乐，同时也会更好地了解彼此。

与此相反，当我们心情被乌云笼罩时，我们的猫猫狗狗也会有所觉察；当我们身心不适时，它们也能看得出来。它们能感受到我们释放出来的消极能量，而这种负能量像影响我们那样，也直接影响到它们。它们并不喜欢这些负能量，经常会选择躲而避之。这时候我们发现，爱宠们悄悄离开了房间，找个地方去单独待着。它们往往会一直等到我们的声音平复下来、找回正能量后才肯回到原来待的房间。也许，它们只是出门去找让我们开心起来的办法，等到它们自己正能量爆棚的时候再回来找我们。

如果我们将自身的负能量或者家里的其他负能量持续不断地施加给它们，久而久之，它们就再也无法绕开这些负能量了。如此一来，它们转而开始吸收负能量，慢慢地暴露出消极或者病态的迹象。此时，它们的行为会发生改变，变得更加焦急，还可能更有挑衅性。有时，它们会破坏、损毁屋里的玩具或家具。因为背负着这些负能量，它们的身体也可能会出问题。

我的一位客户是一名程序员，名叫宙斯。自家地下室设有一间小办公室，她便整日整夜在此盯着电脑。每天的例行事务是：先喂她的小猫咪菲力克斯，然后钻进自己的办公室，埋头于书桌，开始一天的工作。菲力克斯吃完饭后，也会陪她到办公室。她的桌边有个闲置的铺着毛毯的椅子，它就蜷缩在那里陪她度过一天中的大部分时光。

晚上，和菲力克斯吃过晚饭后，她又会回到电脑前再待上几个小时，查查个人邮件、登录社交网站、浏览一下最近的新闻故事，或者在网上购购物。只要她晚上用电脑，菲力克斯就会跟过去，趴在桌边椅子里再睡上一觉。

这样的日子，不知不觉过了几年。随后，她俩的生活发生了一些变化。宙斯的督导为其安排的工作量越来越大，要求她替一位技不如人的同事分担工作。为此，她不得不在晚上与电脑奋战到更晚，经常工作到深夜才回到楼上。这时候，菲力克斯就不再去地下室陪她了。她觉得此事有些蹊跷，但起初也并未多想。

过了几周，它继续待在楼上，依旧不陪宙斯去地下室。但又过了几周，貌似一切又恢复了正常。这天早上，菲力克斯又像往常一样，跟着她下楼到地下室去，宙斯也觉得一切正常。她坐到椅子上，转向了电脑。可菲力克斯非但没有趴在桌边椅子上的毛毯里，而是跳到桌子上，站在她的面前，盯着她不停地叫，并开始在她的键盘上撒尿。她自然气坏了，朝它大吼，让它停下来。于是它跳下桌子，跑到楼上躲了起来。

清理完猫尿后，她重新工作了起来。那晚，她照常回到楼上准备晚餐。菲力克斯从藏身之处跑了出来，深情地磨蹭着她的腿。她轻拍着它，与其一起吃饭，这一切看起来都很和谐。

那晚之后，跟往常一样，在小猫咪的陪伴下，她晚上又回到电脑前。落座后，她先跟菲力克斯讲，不许再在她的键盘上撒尿。然后，她开始启动电脑，而它就站在那儿盯着她。不一会儿，它又跳回到桌上，大声叫着，然后又一次尿撒键盘！宙斯遂把它撵到楼上，它跑到床底待了一整天。

第二天，她联系了我，向我咨询她家猫咪在她键盘上撒尿的原因。就此，在跟菲力克斯交流了一番后，我才知道原来它是嗅到了主人身上的怒气：因为主人牺牲了原本该和自己共度的时光对着电脑加班。它还告诉我，主人白天对着电脑工作时，已经在生气了，连敲击键盘的声音也比以往响。我把这些信息跟宙斯分享后，她承认自己投入太多的时间工作，没有和猫咪共享那段时光。同时，她也意识到猫咪所言极是，自己丝毫没有察觉到敲击键盘的声音比以往更响了。

因为宙斯的生活发生了一系列变化，包括工作量的增加，她的猫咪能感受到她的满腔愤怒，而它并不喜欢这种感觉。所以，为了将其注意力从手头工作转移开，它尿在了键盘上。

为此，我们都觉得是时候喘口气，平静下来，将她感受到的愤怒发泄出来并花些时间跟菲力克斯玩耍。一旦感到焦虑不安时，她就该离开电脑。她把这个想法付诸于实践，过了几周，她的猫咪又回到了以前的正常状态，趴在铺有毛毯的那把它最喜欢的椅子上，颇为享受这种时光。

我们失落时，它们给予我们帮助

当我们身体能量水平低下或者失衡时，动物们也会有所感知。如果哪天我妻子金姆或我身体不佳，我们的宠物就会感知到这种情况，并想办法帮我们治疗，让我们感觉好一些。每当金姆肚子疼时，我们的雪纳瑞犬克莱默就会蜷缩在她身边，头枕着她的肚子，一直待在那儿，直到妻子感觉舒服一些为止。每当我因近来的降雨或者寒流而自觉身体有些慵懒、僵硬以及酸疼时，我们的达斯特就会把我弄起来，到处走动。通常，它会跳上我躺的沙发，爬到我胸前，充满爱意地舔我几下，然后开始汪汪叫并发出呜咽声，直到我起身开始到处走动。因为它知道，要是躺一整天，我的身体会越来越糟糕。

在我那些为数不多、有点厌世的日子里，凯蒂妈妈则会陪我出门散步，它身上总散发出一种安静和欢快的能量。它待在我旁边，给我带来一种使我摆脱消极能量、回归平衡状态的平和力量。甚至当凯蒂妈妈自己身体不适时，它都曾不为此担心，而是在暖和的猫咪床上静养以恢复元气。为此，它从不抱怨或者大惊小怪。因为它知道焦虑不安解决不了任何问题。您看，它简直就像一位禅宗大师。

当您心理或者生理处于消极状态时，请先发制人，想办法找回心理的平衡状态和身体的最佳状态。您可以深呼吸、单独地静思一会儿、出门散散步、打坐，以及做些能让自己开心快乐的事情。

此外，您应该按照本书介绍的指导方法，定期和您的猫猫狗狗进行交流。不要害怕坐下来跟它们聊天。您会发现，沟通过后，自己的状态更好了。作为绝佳的倾听者，在听完您的倾诉后，小猫或小狗们往往还会为您送上一个香吻。

我们从家里宠物身上能学到很多东西，尤其是在情感方面。当我们待在它们身边时，需要对自己所释放出来的情感和能量有一个清晰的认知。如果我们表现得积极向上，那么这种正能量也会促使它们积极乐观地生活着，激励它们在您身边时更加自由奔放和乐观豁达，并且会使你们彼此间的交流变得更加顺畅。此外，乐观地和您的狗狗猫咪待在一起，还会使你们彼此的关系达到最佳状态。

第九章

动物是我们的晴雨表

狗狗和猫咪与周围发生的一切都保持着神同步。它们能感知周围环境、人和动物所自带能量的变化。比如说，暴风雨来临前，狗狗们可能会围着房子来回踱步，长达一小时甚至更久。或者，客人还没走到门阶，它们就可能马上找个地方躲起来。难道这是因为它们的身体能感知到当时的异样？是因为它们靠着自己灵敏的听觉先于人前听到了风声？是因为它们感觉到气压的变化？还是因为它们的整体感知能力以及相信自我感觉的倾向？

众所周知，我们人类有五种基础感官——视觉、嗅觉、味觉、触觉和听觉 ，狗狗和猫咪也是如此。尽管本质上，每种感官的运行机制和人类并无差别，但有些狗狗或猫咪的某种感官却要更加高级。一条狗或一只猫，如果其视力未曾受过任何损伤，那么它们在黑暗中的视力要比人类好很多。在嗅觉方面，狗要比人类灵敏至少 1000 倍，猫咪也比人类强。相比我们人类，它们能接收到更高的频率。而在触觉方面，狗狗和猫咪与我们人类一样，也将其作为与其他动物或其人类伙伴沟通交流的一种手段。然而，人类的味觉却要完胜它们，我们拥有大概 9000 个味蕾，而狗和猫的味蕾数量分别仅有 1700 个和 473 个。

此外，狗狗和猫咪还有另一种感官，即第六感 ，也一直为其所用。其实，我们人类也同样拥有该能力，但大部分人都不常用到它。所谓第六感，就是辨识人或状况本质的一种能力，是与其他五种生理感官所获取信息渠道不同的一种直觉或感受。动物们对能量的感应是它们对周围一切感知和回应的一种状态。它们能感应到周边一切人和物的能量，并通过这种感官获取一切信息。它们知道仅使用一种或两种感官无法清晰地刻画出事情发生时的场景，而仅会使其中的一小部分得以呈现出来。所有的生灵都有第六感。就第六感而言，我发现猫或狗与人类唯一不同的是，它们倾向于相信因其接收到的信息并使用得更加频繁，它们更加开放地相信自己的感觉，从不质疑其来源，并据此做出反应。当它们感知到事情不“妙”时，就会抽身离去。有时候会朝着那些周身释放负能量的人吼叫或发出嘘声。简言之，它们相信自己的感觉，而我们则时常将其忽略并忽视周边的各种能量。

当遇到自带负能量的人，我确定我的狗狗达斯特对其会有第六感。就好比，如果某人对我“不感冒”，达斯特也能感知到这一点儿，便会倾向于朝他汪汪吼叫。妻子和我总爱这样说：达斯特对那些释放负能量的人自备一套内部“消极气息探测仪”。不管是何国籍、性别或年龄，假如他们未释放出正能量，达斯特一秒钟就能探测出来。

某次在镇上例行开车兜风时，我们挨着一辆停在三明治店门口的车停了下来。这时，我看见那辆车所有窗户都开着，两个大约十二岁的女孩子坐在后座上。金姆和我对此并未感到有什么不妥，达斯特却马上朝着那俩小女孩吼叫起来。当我看向那俩女孩儿时，金姆则用食物分散达斯特的注意力。我注意到两个孩子都面露不悦，貌似并不想待在车里。我走进三明治店时，排在我前面的一位女士引起了我的注意。她看上去并不愿久等，貌似一直在催三明治师傅。最后，她道歉说，自己的女儿正在等她，对其半道停车买三明治的行为表示不满，因为她们想跳过午饭直接去游泳馆。

第二天晚上，我们全家出动去买冰淇淋。达斯特和克莱默几乎形影不离地跟着我们，绝不想错过任何一次品尝宠物冰淇淋小样品的机会。把车停到泊车位后，我准备下车去拿我们的冰淇淋。还没等下车呢，另一家人把车停到了我们边上。那辆车上有丈夫、妻子和两个女儿，她们面含微笑，有说有笑，看起来对这顿冰淇淋大餐兴奋不已。这时，达斯特感受到了那家人周身散发的满满正能量，便开始摇摆它那节状的小尾巴。因为那个家庭充满的乐趣，一家人享受着美好的时光，达斯特也为此感到高兴。当那家人注意到达斯特并夸赞它好看时，它尾巴摇得更快了。

我建议大家时刻相信自己的感觉，信任自己的第六感。每当您质疑自己感觉的准确性时，请自行观察一下家里小狗或小猫的反应。它们肯定会告诉您，某人或某物感觉起来不太“对劲儿”，要对其敬而远之。

第十章

训练和交流

对狗狗和猫咪而言，训练与交流可以同步进行。交流和设想并非是为了替代正向训练。相反，将此两者与正向训练相结合，可以使您更好地了解自家狗狗或猫咪的某种行为方式。而对于如何帮您家小狗或小猫摸清当前形势、搞懂您对它们的期许，以及使其理解为何您的期许是出于一番好意或者为何它们会对您言听计从，最好的办法就是把久经证明的正向训练与言语交流、设想结果、散发正能量以及重复强化结合起来。

对我家的宠物而言，言语交流和意念设想都是它们的必修课。为了达到最佳效果，我将这些方法与从正向训练师那里学到的一些很棒的训练技巧结合在一起。教导我家那伙儿汪星人做事时，手势连同关键词并用是我的一贯做法，例如在我抱它们之前，要求它们必须蹲好、停止过度吠叫、躺下小憩，或者当它们在某处磨蹭太久时，让其跟上我的步伐。举例来说，当我想让克莱默蹲下以便我将其抱上卡车去例行兜风时，我就会对其喊出"足球"这个字眼。之所以在这种场景中选"足球"作为关键词，是因为此时我抱它入车的方式就如同搬运足球一样。而这种坐姿不同于它所接受的就餐前的简明指令坐姿"请坐下"。在强化每个手势或关键词时，我都会给予它们表扬和奖励，比如拍拍它们的头、给它们一个拥抱或者请它们吃一顿健康的大餐。如果您能把正向训练技巧和言语交流以及对预期结果的精准设想结合在一起，恐怕您会更加成功。

再举个例子，正准备带我家狗狗出门上厕所，有时会听见邻家的狗狗汪汪叫。我知道这将会刺激我家的汪星人，闹得个不欢而散。唯一的解决方法便是我先入为主，避免这种预期场面的发生。所以，放狗狗们出门前，我会停一会儿，做个深呼吸使自己镇定下来。然后，我口头对它们讲：“我知道邻居家的小伙伴正在外面。跟往常一样，它们会汪汪吼叫并围着篱笆墙跑，但为了快乐起见，我需要你们在外保持镇定和安静。”在跟它们讲这番话的同时，我也在脑海里投影出一幅大家在外时我所期待发生的画面，并且还设想着这是一次愉快的经历。这整个过程会使我保持镇定，并坚信一切都会如我所愿。毕竟，我已经跟我的狗狗们沟通过我对其的期许以及为何此事为好事一桩。一旦表达完这些想法，我便放下了心头的包袱，感觉就更轻松舒畅了，而且会乐观地相信一切都会有最好的结果。

一旦出了屋，如果它们表现出对院里邻家狗狗们的担心，并开始汪汪吼叫和相互追逐时，我便双管齐下，训练技巧和关键词齐上阵以强化我的言语和设想，而这招儿总能使其安静下来。紧接着，我会称赞它们刚才的完美表现，并为其送上我的关怀。当户外任务完成时，我会让它们聚过来，然后随我一起回屋。

对达斯特来说，出门上厕所从来都不是什么大事。当来到屋后封闭式的门廊处、与院落只剩不远处的一门之隔时，它会汪汪大叫几次以提醒附近的所有生灵。然后，它会继续跑到通往后院的那扇门那儿等我。入院后，它除了上厕所，剩下的时间就用来探寻上次到访之后院里新飘落的枝条、树叶或者其他有趣的东西。

如果邻居驶入自家车道或有什么东西使其受到惊吓时，达斯特就开始吼叫。但通常，很容易就能将其注意力转回入院的本因。当它在外面吼叫时，我会自己先做一下深呼吸，通过连续打几次响指来引起注意，然后口头感谢它让我得知那边有人，要求它继续干自己的事情，并且告诉它只要完成既定任务，我们就可以获得更多玩耍和探索的机会。

在通过言语将当前情况、我的期许及其原因告知达斯特的同时，我还会把相关的设想场景也传输给它。邻居回家时，我会在脑海里为其勾勒出一幅这样的场景：邻居迅速离开了自己的车，然后走进房间，而且整个过程邻居都尽量保持安静。这种场景设想不但使我更加专注和平和，而且还让达斯特明白我已得知邻居归家、事情进展不错，它的使命已完成。

说到我家那只小型雪纳瑞犬克莱默，如若让它停止吼叫、停止追赶邻家狗狗，则需要更多的关注、交流以及场景设想。达斯特尚为一只小狗崽时，我们便领养了它。于是在它很小的时候，我们就开始与其沟通交流。而克莱默大不一样，十五个月大了，我们才收养它。在此之前，它从没有过和某人通过语言和场景设想与其交流的经历，也没怎么在紧挨邻里的大院里待过。所以，它更加警觉，对家人有很强的保护欲，尤其是在户外时。经常性地，克莱默会将手头事务忘得一干二净，而全身心地关注邻家及其狗狗或猫咪，抑或它认为会对其构成威胁的一切事情。有时，很小一点儿声音就会干扰到它。当其注意力被分散时，它就会到处跑并大声叫。为了重获其注意力和专注心，我需要深呼吸使自己平静下来，开始拍打自己的一侧大腿，直到使其注意力重新转移到我身上来。然后，我将先前的言语和设想的场景再为其重复一遍。一旦我们间的交流被再次强化，克莱默便会安静下来，重新专注于手头的任务。

自打第一次尝试跟克莱默通过言语和意念设想交流以来，它的进步神速。在过去的十八个月里，我孜孜不倦、坚持不懈地以我之法与其交流，而它则也找到了其中的窍门。时至今日，待在后院时，克莱默的精力已更加集中且不易分神。于我而言，与其待在外面的时光也变得更加惬意。当我不再为其行为而担心时，克莱默也不再那么担心周围或者我家院里发生的一切。但在我能量闭合或者没与其事先沟通的情况下，偶尔还会重现它往昔的样子。其实，这也正是您要跟爱宠们不断保持言语和意念交流的原因所在。在此，借助于合适的正向训练方法，把言语交流和场景设想结合起来，成功对您而言简直就是分分钟的事情。

上述这招对凯蒂妈妈也同样管用。我们一起外出时，因为有我罩着它，我不会为我们将遇到的境况而紧张。但当我不在家或者要离家一整天时，质疑和担心便会趁机而入。而此时，凯蒂妈妈却会很认真听我解释我的去向和归期以及对它的要求：让它去安全、干爽又舒适的车库待着。大多数时候，当我回家时，它正躺在车库边自己的猫床上等我回来，或者迅速趴在微微开门的车库里窥视车道。

持续不断的正向训练、言语交流以及场景设想，帮助我与爱宠们建立起了最佳关系，让我们能够最大限度地了解彼此。当您与爱宠交流时，持续化是很重要的环节。一旦您与宠物们建立起某种行之有效的日常交流机制，那么与其交流便会成为我们的第二天性。这就如同骑自行车或者剔牙：如果重复的次数足够多，您就会对其非常在行，而它们也会逐渐变成您的本能。

第十一章

动物的知情权

出门购物时，您是否会给配偶或同伴布置一堆杂务，却不告诉其您要去哪里以及何时回来？离家上班时，您是否也没有跟孩子们交代自己的去向及归期？那么这是不是意味着您会以同样的方式对待家中的狗狗和猫咪呢？其实，当看见您外出时，它们也想知道您要去哪里、什么时候回家，以及您离家后它们应该做些什么。

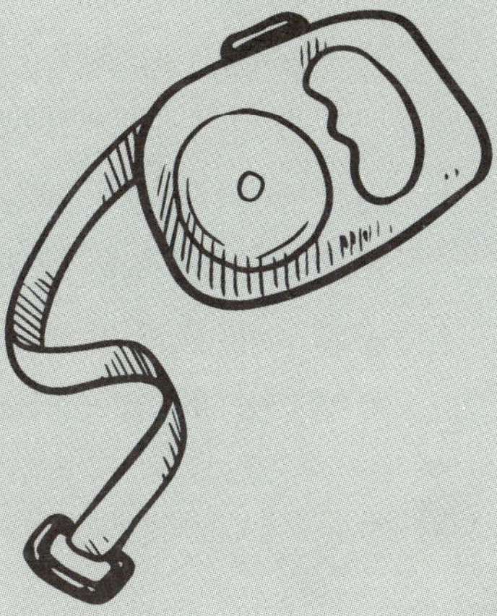

离家时，我们往往太匆忙。大家急匆匆地出门去购物、上班、嗨一下午、度假或者干其他事情，于是便很难记住将出行计划告知我们身边的家人或宠物。而今，我们所生活的世界节奏太快，以至于大家总觉得“今日事必须今日毕”，几乎很少停下脚步来关注一下我们周围的一切。时常，我们会忘记放慢节奏、给自己以喘息之机，去跟所爱的家人聊聊天，更别提抽时间和自家的爱宠沟通交流了。有些人可能会一边匆匆往外跑，一边冲着家里的狗狗和猫咪嚷几句“要乖乖的啊”。但很少有人真正让狗狗和猫咪知悉自己的去向和归期，或者在自己不在家期间，给它们布置一些日常的、轻松无压力的任务。

分离焦虑症会对我们的狗狗和猫咪产生重大的影响，关于此话题，我会在第十五章中展开详细探讨。在此我只强调一点：当对周围所发生的事情一无所知时，我们的狗狗和猫咪会身心不安。长途旅行前的一两周，当我们从衣柜里拿出行李箱时，它们就已明白我们正准备出门度假；当工人们上门修缮房屋时，它们可能会为此心烦意乱；当客人晚间到访时，房间里多余的能量以及对日常生活造成的干扰也会影响到它们。

在此，我并非要您必须单独坐在每只小狗和小猫身边，将您身边所发生的一切都详细地解释给它们听。但如果您时间充裕且为此而自我感觉颇佳，那么就请坚持去做。而我所要建议的只是：在您出门前或者事发前，请抽点时间让它们知道该有何种预期。具体来说，您要跟它们解释当前的状况（或者将要发生的事情）、应对措施，拿出积极充分的理由说服它们听从您的指挥，或者让其知悉遵从主人安排的益处。用此方式与其交流，它们对待、处理此类事件时会更得心应手，您和爱宠们也会因此而备感轻松自在。

于我而言，与爱宠们朝夕相处的第一要务便是让其知悉我身边发生的一切，尤其那些与其息息相关的事情。仔细回想，您不难发现：其实，您身边所发生的每件事——从去邮箱取信到长途旅行离开它们数日，都会在某种程度上真真切切地影响到它们。

出门去杂货店时，我会告诉达斯特和克莱默：我要去杂货店买东西，一个小时内就回来，我回家之前你们俩要好好睡上一觉。每每，它们都专心地听我讲，然后躺下来，在我离开的时间里熟睡一会儿。一小时后，我回到家，它们便从自己的床上爬起来，伸个懒腰，跑到门口来迎接我。相反，如果我告诉它们一个小时内回家却没有按时回来的话，它们便会琢磨：说好的一小时，为何主人还没有回来呢？通常来说，我出门时，妻子都在家。据她所言，等待时间如果超出一小时，它们便会跳下床，站在门口，一直等到我回来。而当我到家时，它们通常会朝着我不停吼叫以示对我晚归的不满，直到我对其解释清楚其中的原因，它们才会恢复平静。

在领养克莱默之前，我们带着达斯特去海滩度了六天假。这期间，宠物管家会一天两次到访我家，视察一番并给猫咪们喂食。因为那次旅行的车程很长，我既忙于打包又急于赶路，于是就忘记告知猫咪我们的去向、归期并叮嘱它们在我们外出期间应该做些什么。据宠物管家所述，前五天，猫咪们表现得一切都很正常。她每次走进家门时，猫咪们就在那儿乖乖等着新管家来喂食。但最后一天，所有的猫咪都跑出门大探险去了——也许这正是对我们长时间不着家的抗议。当我们抵家时，所有的猫咪都消失得无影无踪。需要承认的是，我当时对大部分猫咪并不怎么担心，因为它们通常都喜欢探索自家和邻家周围的区域。但是凯蒂妈妈除外，它先前未曾跑离家附近的方圆几尺之地，总是待在车库或者离车库不远给它食物、水和猫床的地方。而这次，我们真不知道该去哪里找凯蒂妈妈了。尽管我不断地与之交流，请它回家，但它仍坚持自己的想法，选择在外面待了三天后才安然无恙地回到家。又过了好几天，它才肯搭理我或者注意我。对于我的离开，凯蒂妈妈很不安也很困惑，它曾想过我何时回来或者是否还会回来。即便房间里有吃、有喝、有床睡，但我的离开着实令其心乱如麻。这都怪我，没有事先跟它说明当时的情况。

自那次度假后，我再也没有忘记把即将发生的事情告知它们，尤其是凯蒂妈妈。后来，我们又多次出门旅行，只是在每次出发前，我都会抽出更多的时间跟凯蒂妈妈讲解我们的出行计划、我们不在家的时候它要做什么，并告诉它一切都不会有问题。现在，每当我们回来时，它都会待在那里迎接我们。

尽管您每次离家无非就是为了些日常琐事，或者单纯出门取个信件，但请您还是抽几分钟告诉家里的狗狗和猫咪们您要去哪里、什么时间回来、您不在的时候需它们做什么或者如何表现，以及为什么这样做对大家都好。这样，它们就能更轻松坦然地面对您的离开，而您的归来会令它们更加欢欣雀跃。

动物的时间观

在您开车驶进车道时，是否曾见您的狗狗正蹲在门前，或者猫咪正坐在落地窗正中的位置等着您下班回家？我们很容易将其认为它们可能大部分时间都待在那里。想必，所有狗狗或猫咪都应该对外面发生的事情感兴趣，或者乐于在晴朗的天气里躺在太阳底下晒日光浴吧！除此之外，您可以理性地对其行为分析一番：假定听见您开车驶进车道、关上车门或者打开车库后，它们才选定了当前的战略位置以迎接主人的归来。但当您提前下班回家时，却不见它们的踪影，门前那儿不见狗狗的翘首以盼，落地窗台上也不见了猫咪的四处张望，对此您又能做何解释呢？难道狗狗和猫咪可以区分时间？当然如此！

在此，我并非建议所有的狗狗和猫咪都应佩戴手表（我不确定目前是否有工厂已在生产小狗或小猫的手表，但我写这东西时，我能想象到有些企业家的脑子已经转起来了。这是多么时尚的一个观点啊，对吧？）；我也并不是说爱宠们能看懂家里壁挂钟上时针和分针的转动。但我知道它们清楚您什么时候下班回家，也知道通常什么时候会有它们最爱的食物，以及弄得明白您说的一小时内回家和晚归四十分钟的区别。

在过去的两年里，我们家未曾定过闹钟，当然也没这个必要，因为达斯特就是我们家的宠物闹钟。自从我们领养了它，达斯特每天早晨七点三十五分准会把我们叫醒，不管是工作日还是周末，也不管前天晚上我们十点入睡还是半夜才睡。我们睡眠时间的长短与它无关，在它看来，时间一到就该进家门了。每天早晨七点三十五分，它从自己的猫笼里醒来，伸伸懒腰、打个哈欠再彻头彻尾地抖动全身。这时，它脖子上挂的铃铛就会像闹铃一样叮当作响。金姆和我听见后，半睁开眼，斜着望向各自床头收音机闹钟那儿，上面肯定显示着上午七点三十五分。

为什么达斯特每天早上总能按这个时刻准点起床呢？难不成是光线穿透了窗户？不对，我家的窗帘遮光性强，所以通常在这个时间点，房间里仍然比较昏暗。只有在夏令时开始或结束时，达斯特的时钟才会出现轻微的偏差。这时，它得花上几天适应变化，然后其精准的时间观就再度发挥作用了。

夏令时结束前，我们的狗狗巴兹和伍迪会按照先前的时间准时开动例行三餐。每日上午的十一点，我们将其称之为“Kongy Time”。家里的汪星人各有其专属的皮质Kong玩具。十一点一到，它们就会跑过来，把两只前爪搭在金姆或我的腿上。我们在电脑前工作，没什么时间概念。但一旦腿上出现两只爪子，我们便知道“Kongy Time”到了。这时，我们会面带微笑、轻拍它们的小脑袋。再看看钟表，定是十一点整，这点儿从未出过任何差错。

然后我们会下楼，收集整理Kongs，给它们喂食，将其抱到狗狗床垫上，让其玩自己的玩具并吃光掉在地板上的食物。当它们滚动并追赶它们的Kongs时，我们会为其献上一首专门为此所写的特殊歌曲——“Kongy Time”之歌。

十年来，我的客户安琪一直和名叫天使的猫咪生活在一起。但突然间，天使的行为、性情大变，充满了破坏性气息——扯掉墙上的窗帘、撕碎安琪盖了多年的被子，并且抓挠沙发的背面。这种破坏行为一直持续了几个星期，安琪实在找不出其中的原因或解决此问题的办法，所以就跟我取得了联系。就此，我跟天使交流了一番。

当时安琪跟我说过，家里一定有什么她没有了解的变化。而又通过与她深入探讨后，我得知所谓的变化就是安琪在过去的两周内下班回家比往常要晚两个小时。正是这种日常的改变激怒了天使，而使其选择通过这种破坏性行为来表示对安琪的不满。

为了向天使更好地解释安琪的工作日程，我们制定了一个方案。我让安琪每次都告知天使自己要去上班了、会离开几个小时、什么时间回来，并让天使在其离开时长睡一觉。

安琪将此计划付诸实践并与天使进行了充分沟通。第二天她回到家时，天使就在门口等她，也没有破坏任何东西。从那时开始，无论安琪何时离开家，她都坚持按此方式跟天使进行沟通，而天使也再未犯过事儿。

我们的狗狗和猫咪完全懂得时间概念。所以出门前，请一定告知它们您回家的时间、在外停留的小时数，并通过意念设想该时间段时针在表盘上变换的场景。如果您需要在外面过夜或者小住几夜，那您就为其勾勒出一幅太阳升落的场景，示意您要离家的天数。而您的狗狗和猫咪会理解您所说的话以及您为其设想的场景。这样，您离家在外时，它们才不会那么紧张，而您也能更加安心地将它们留在家里。

第十二章

行为变化

通常，猫狗的能量和行为都具有恒定性。当然，听见屋外有吵闹声或者看见某慢跑者沿着人行道跑步时，它们可能会因此而兴奋或焦虑。但是，它们马上便能重回先前正常、平和的状态。就水平或程度而言，它们所经历的情绪变化和我们人类并不相同。我们可按小时来计算自身情

绪和能量的变化，也需要花更长的时间去释放情感并找回积极、平和的能量和情感状态。

在此，我并不是说狗狗和猫咪感受到的情感跟我们不同。正如第八章所述，两者绝对是一样的。但它们貌似处理起事情来比我们更快、更简单，因为它们不必饱受持续不断地转换情感和缺失感知能力之苦。但它们的行为一旦发生变化，这种状态的持续可就远不止一天或两天了，而这其中很可能会潜藏着某个需要您给予关注的严重问题。招致动物们伤感失落的原因纵使千变万化，但分辨出它们身上到底发生了什么致其性情大变则完全取决于您。

如果您的爱犬或宠喵和往常一样，行为没有什么异常，也没表现出任何受伤或生病的外在迹象，那么您可能会认为它们一切都好。很大可能，您的假定并没有错；当您与爱宠们感情深厚并心有灵犀时，那您的判断就更精准了。然而，仅凭直观判断的无异常很容易使您认为它们一切都好。此外，我们的注意力也容易因自己生活中遇到的那些困难而发生转移，忘记放慢节奏跟它们真正沟通交流。这一点儿尤其适合猫咪们，因为它们喜欢独处，连续几个小时也不和我们待在一起。

值得庆幸的是，大多数爱宠都会让我们知道其需求或者其身心有什么不对劲儿的地方。以下便是它们身心不适、视图让我们知悉时所具备的几种直接明了的表现：

·它们的胃口大变或者对其食物丧失了兴趣；
·它们玩玩具或者出门的兴趣大变；
·它们的睡眠时间变长；
·它们变得更加黏人和贪婪，想要得到我们更多的关注。

一旦发现以上任何迹象，我们必须揪出问题并查明原因。这正是跟爱宠们沟通交流的重要性所在。而要想理解它们的生理和心理状态，最好的方式便是放缓节奏、彼此沟通交流，并抽时间与其建立一对一的联系。

约翰是我的客户苏西养的猫咪，小家伙一直都很活跃，胃口也很好。但有一天，它变得无精打采，也不再吃东西，看上去如此突然、反常。苏西试着更换了食物，看看它是否会对新食物感兴趣，但此举却以失败告终。她带着约翰去看医生，做了一系列的测验也没有发现任何异常。于是，带约翰回家后，她与我取得了联系以咨询此事。

我观察了她的爱宠约翰一番，发现它吃完饭后总会犯恶心。依我之见，这种症状就像胃酸，像人胃里泛酸水的那种感觉。我建议苏西联系其兽医，看看医生是否有可推荐的东西来控制这种酸。此外，我还建议苏西请兽医给约翰做一次全套的过敏性测试，确定它对什么环境和食物过敏。

实验结果显示，约翰确实对某些谷物和家禽过敏。对其食物成分做了一番快速检查后，苏西发现为爱宠提供主要蛋白质的来源便是禽类，而且其食物中也包含了一些谷物。于是，她为约翰更换了食物，使其不含任何禽类和谷物。结果没几天，它便恢复了健康。

其实，狗狗和猫咪很擅长掩饰自己的身体问题。它们喜欢独自离开等待其伤口愈合，或者静养诸如腿伤或臀伤之类的外伤。对此，它们从不小题大做或者吸引我们注意，而是尽可能地自己将其摆平。不难想象，这便是其天性使然，竭尽全力治愈自己而不借助我们的帮助。除此之外，也有可能因为爱宠们知道如果自己身体一旦不适，您便会带它们去看医生，而那里通常是它们最不愿到访的地方之一。需要声明的是，我并无意冒犯世上所有的兽医。但难道您还认识爱看医生的人吗？

解读宠物的行为变化

很多客户跟我取得联系，就是因为突然间他们的狗狗或者猫咪开始表现得与以往大不相同。狗狗对其家人和其他动物小伙伴更易动怒；或者猫咪开始独自离开，躲到床底下或者壁橱里连睡几个小时；或者如客户所述，爱犬会快速进食，然后就想跑到外面晃悠大半天才回来；又或者爱喵如厕时不再使用小盒子（十七章对此会有更多的讲述），再不然就在所有人安睡后才肯下楼到客厅里去。这种种状况，都是以前狗狗或猫咪未曾有过的行为。

为了缩小引发它们行为变化的因素范围，我会整理一份清单，把与客户家狗狗或猫咪交流的内容都一一记录在案。我将这个环节称为“剥洋葱”。狗狗和猫咪先与我分享其行为变化的原因，我再将其所述信息分享给它们的家人。随后，我会就此提出矫正建议。

与他们的爱宠交流后，如果我断定它们身体有问题，那么我就会建议客户送它们去看兽医。因为我不是医生，我无法诊断其身体问题或者推荐包含处方药在内的治疗方案。但是，在该将何种信息告知兽医以及向其提示问题源头方面，我可以给客户以指导。

与之类似，如果是情感问题，我会跟客户讲什么情况导致了此类问题。通常是因为宠物的日常生活发生了某种变化，或者它们自身经受了某种家庭变故。我曾见过宠物们被各种各样的事情烦扰：在没有提前告知狗狗或猫咪的情况下，将一个新生儿带回家；假期里应接不暇的亲戚朋友到访，狗狗或猫咪难得安生；某人搬离家门后，家庭或感情关系破裂，狗狗或猫咪为此深感困惑；家里的孩子因求学或者独立生活而离家。综上，任何可扰乱我们生活、能量或者习惯的事情，也同样会扰乱我们的狗狗或猫咪的情感状态。

如果您的狗狗或猫咪的行为开始表现异常，我建议：

1. **交流**：向其询问发生了什么事情、为何其行为表现异常以及您能为其做些什么。相信您所捕捉到的第一印象或感觉，能将其扳回正常状态或调整到更佳状态。

2. **观察**：通常爱宠们会感受到周围的变化并想方设法告诉我们。这时，请放下手头的事情，看一看它们、瞧一瞧房子周围；更重要的是，仔细审视一下您自己。如果做到以上几点，您很可能会发现招致其变化的原因。其实，问题无非出自它们、家或者您自身。一旦查明原因，您就可以开始下一步的矫正工作了。

3. **呼吸**：深呼吸以净化您自身和家里的能量。呼吸会让您敞开胸怀，保持镇静并专注于您所面临的挑战。

跟您的狗狗和猫咪保持全天候的交流，这一点十分重要。时不时地对其察看一番，看看它们的身体状况如何。做事善始善终，为其提供一个平静且充满正能量的环境，爱宠的身心健康会因此得到极大改善，也会帮您防止爱宠行为突变的发生。

第十三章

让宠物有事可做

如果您曾带爱犬参加过正规训练或者看过任何驯狗节目，那或许您曾听过这样一种说法：要想使狗狗们保持快乐，就得让它们有事可做。您也许正在琢磨，对于猫咪而言，这招儿是不是也同样适用？答案是：绝对适用！在自家的这一亩三分地内有事可做，这会赋予爱犬宠喵们一种目标

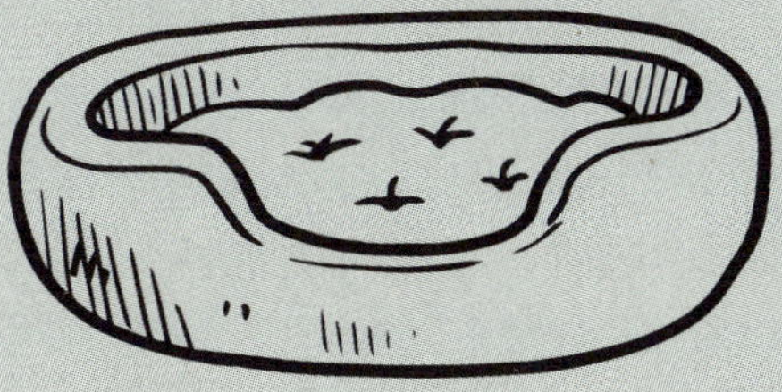

感。您不在家时，它们也可用其打发时间。此外，做这些事情还能活跃其身心。为此，我们会为其布置一些任务，而剩下的则要靠它们自行安排。但不管是何事，重要的是要理解并尊重它们在其间扮演的角色。

狗狗的任务

有些人外出会叮嘱其狗狗看家护院；有些人要求狗狗去捡东西并将其带回来；有些人给汪星人佩戴专为其量身定做的背包，让它们在家附近玩耍或散步时搬运些小东西；而其他人则就近带爱犬们一起活动，或者在它们身体不适时，让它们趴在自己身边。通常，狗狗们都会自拿主意，决定自己在家该做什么并能大展拳脚迅速进入角色。比如说，我家那条迷你雪纳瑞克莱默主动承担了将其好伙伴达斯特选定的玩具搬运到楼下的工作。 因为达斯特实在是太小了，我们总得抱着它下楼。每次抱起它，一直玩着的玩具便被其扔下。看到这一幕，克莱默就暗下决心：将来某一天，它定会帮达斯特把掉在地上的玩具都搬到楼下。这可并非是我们向达斯特提出的要求或为其预设的训练内容，而仅仅是它自己的决定。而且自此以后，它便一直执行着这项任务。

我家的雪纳瑞巴兹一直是个安静的懒小伙儿。它在家或跟我们在当地公园散步时从来不会掀起轩然大波。无论我们做何事情或者去往何处，它总是很顺从地和我们一起长途跋涉并遵从我们的指挥。巴兹知道我们希望它既暖心又绅士，而它在这此方面也表现得相当完美。但是，巴兹还给自己布置了一项任务：在家充当看家护院的警卫员。每当外面有任何风吹草动，它就会通过一连串的汪汪叫告知我们。有趣的是，它从不挨窗或挨门查看或倾听外面发生的事情，而是选定家里一扇窗作为其据点：该窗位于厨房，靠近小餐室。窗台的位置很低，巴兹能轻松地跳上去坐着或者站着观察外面的一切。这为巴兹提供了一个绝佳的位置。在此，它可以俯瞰车道、邻家的房子以及通往我家后院的门。想要休息时，它便会在客厅沙发那儿选个既能躺又能看见橱窗的位置，继续远程站岗。透过橱窗巡逻是巴兹自封且完美执行的任务。

正如我先前提到的，巴兹的兄弟伍迪则截然不同。尽管这哥俩是同根生的亲兄弟，但其性格以及自选的工作任务却有着天壤之别。伍迪总是对房内或室外发生的一切保持高度警惕，因为它生性对其他人或动物身上散发的能量极度敏感。如果有人因怕狗而紧张或忐忑不安地踏进我的家门时，伍迪立刻便能对此有所感知并据此做出回应——在访客进屋的前几分钟，对他们做凶神恶煞状并朝其大声吼叫。在访客们自身能量由紧张和不自信转变为放松状态前，伍迪会一直保持激进。当伍迪待在院子里时，它总是警觉于任何邻家院里玩耍的狗狗，绝不允许任何飞鸟或松鼠踏入其领地。此外，邻家的修理工和清扫泳池的工人也绝不受其欢迎。做室内或家周围一切事物的守护者，这是它委任给自己的要务。它监管着一切，但那扇橱窗除外，因为那是它兄弟巴兹的职责，伍迪绝不沾染此事。

伍迪还给自己安插了许多其他的工作。无论何时，只要有需要，它就会给予我们拥抱和爱意；一旦我觉得身体或者心理不舒服，它总会趴在我旁边或者用头枕着我的胸膛，是个很棒的医者。然而，充当我的缪斯才是伍迪给自己安排的绝佳工作。每次我去办公室为某客户提供电话咨询、做一档无线广播采访或者写东西时，伍迪总会伴我左右，静静地趴在我办公桌边的小床上。它从不会试图通过吼叫、玩闹或把爪子放我腿上来引起我的注意（除非它真有某种需求），以此赶我离开房间。相反，它只是以沉思状趴在那里，给我带来平和与爱意。在那段时间里，伍迪几乎都处于平静状态，使屋子里充满了安静祥和之气。伍迪成功扮演了我的缪斯这个角色，没有它，我根本无法完成那些事情。

猫咪的任务

猫咪们也同样需要有目标感、扮演某种角色或承担某些工作以确保家庭的和谐顺畅。许多客户都曾跟我坦言，他们工作时，爱喵便会趴在附近。这些猫咪为其带来一种平和感，尤其是在他们急于完成某个项目的狂躁时刻。感受到猫咪周身所散发出的那种沉着能量，客户便会时不时地抬头一睹其平静之态，并近前去拍拍或抱抱它们。

我们的凯蒂妈妈便是个身兼多职的优秀典范。将其所希望的为每只猫咪清洗铺床毛巾的时间告知于我，便是我交给它的其中一项任务。不可否认，我并不是总有时间去全面检查每只猫咪的床铺，尽管我应该这样做。此外，我还让它教导其他猫咪在家里该如何用正确的方式做好每件事情，并确保这些猫咪都遵规守纪。而凯蒂妈妈也非常认真严肃地对待这些任务：告诉我何时该清洗毛巾，绝不容忍其他猫咪胡闹、摔跤或打架。倘若有猫咪违反规矩，它马上会对其发出嘘声并在其后脑勺上掴一巴掌。

凯蒂妈妈还给自己安排了一些其他工作，扮演了官方接待员和食品检验员的角色。家里其他的猫咪大部分时间都待在太阳底下玩儿，监视我家四周的空地和院子。它们都是半流浪猫，早已习惯了随自己的心情进进出出。夜间，它们待在车库里睡觉；吃完我们为其提供的早餐后，这群猫咪便又出门了。等到了晚饭时间，它们又会奔着食物和温暖安全的睡处而归。每天早晨，凯蒂妈妈都把它们领到饭盆那儿（按照园艺工人到访的时间，我们每隔一周更换一次饭盆的位置）且带头吃第一口饭。当吃完自己的早餐后，它会耐心地坐等其他猫咪把饭吃完，然后护送它们出门，就如同一位母亲把孩子们送到校车站并目送他们一一离开。等快到晚餐点儿时，它便走出门，耐心地等待每只猫咪归来。它会逐一蹭一下猫咪以示问候，然后带它们去饭盆那儿。尽管已吃过晚饭，但它还是会先带头试吃。当其他猫咪进食时，它就陪坐在那里。瞧！凯蒂妈妈绝对是位了不起的主人。

很多时候，客户曾因其狗狗或猫咪不接受家里新收养的小狗或小猫而请求我与其爱宠做一番交流。而无一例外，他们都从未跟其宠物解释将新动物带回家的原因，或者这些新面孔要在家里逗留的期限。为此，我跟他们的宠物进行了沟通交流，告诉它们这样的安排都只是暂时的；只要为其找到长期住所，这些新面孔便会离开。然后，我要求长居在此的猫咪或狗狗让临时被收养的动物摸清相关门道，包括向其展示放饭盒和水盆的餐饮点，出门上厕所途经的那扇门以及晚间的睡处。我让它们做这件事情是因为动物们相互间和谐共处对家里所有人都有好处。事实证明，不管何种状况，此法都屡试不爽，百战而不殆。

布置任务时需要注意的事项

关于给您的狗狗或猫咪布置任务，我有以下几点建议：

1. 发现它们的强项：大多数猫咪和狗狗会展现出

某种强项或特征。有的在您工作时，喜欢监督您。有的在您不舒服时，充当医者并依偎着您。有的组织力强，喜欢使所有人和事都遵循章法，并且专注于手上的工作。其实，您会发现您的爱宠很自然地显露出某种品性和技巧，貌似对其还乐此不彼。所以，请给它们安排一些与此技能相关的工作，它们就会很开心。

2. **放轻松：**不要给您的狗狗或猫咪布置紧张有压力的任务，比如看家、监视外面的小鸟和松鼠、留心什么时候园艺工人或邮差上门。这类任务无法使您的狗狗和猫咪达到放松自己的效果，反而只会给它们徒增压力，尤其是您无法在身边给予它们支持时。相反，您应该为其选择轻松的工作，比如睡个长觉、保持其最爱的毛毯温暖热乎，或者玩它们自己的玩具。

3. **保持一致性：**给每只狗狗或猫咪安排一件或两件特定的任务。不要把同一个任务安排给其他狗狗或猫咪，要避免重复做功。

第一次为其布置任务时，请您确保一定要口头解释清楚该项任务：您需要它们做什么以及为什么这项工作如此重要。如果这项工作后续需要持续或反复进行，那您就没必要每天早晨离家前再对其啰嗦一遍了，比如说您外出工作时要求您的猫咪睡个长觉。但如果您愿意，给它们一个善意的提醒自然也无坏处可言。

如果它们自行安排了事项，即便您不关心或者认为没必要，都请您试着尊重它们。在本章节前部分，我曾引用过克莱默代替达斯特搬运玩具的例子。虽然我并不觉得这件事情很有必要去做——每层都有很多玩具供克莱默和达斯特玩耍，但我看得出这带给它快乐，也让我们很开心。因此，每隔一周，我都会搬一篮筐玩具到楼上去。如此一来，到了某特定时间，克莱默就又有玩具往楼下搬运了。如果您尊重爱宠们所做之事，您的狗狗和猫咪为此会很满足，并从中体会到一种真正的目标感。

第十四章

动物社交

人类通常善于交际，娴熟于各种人情世故。对于狗狗和猫咪们，我们也喜欢与其打交道，而这无关它们的身世：不管是自家养的，还是其他人家养的，抑或临时寄居在收养家庭或地方收容所里缺乏长久安身之所的。如果我们的现状不允许自养狗狗或猫咪，那么跟当地动物收容所里的

小动物接触则是与其共度时光的极好方式。而且，这也不失为我们反馈社会，给予它们所渴望的爱与关怀的一种有意义的方式。

对于我们的狗狗和猫咪来说，社交是它们生活中十分重要的部分。在它们很小的时候，让其与不同年龄、不同类型的人以及其他狗狗和猫咪交往，能使它们变得更加全面。同时，让它们习惯适应可能会在邻居家、院子里或外面遇到的野生动物——比如小鹿、小鸟和松鼠等。尽管社交对狗狗和猫咪都很重要，但是与它们交往所采用的方法却有细微的区别，其中部分原因便是狗狗比猫咪更易于被带出门。

让您的狗狗与其他人社交

让您的狗狗与他人进行社交，方法有很多。我一直推荐先从带它们出门开始，因为这招消除了可能会遇见新面孔入家或入院的一切疑虑。首先，在当地公园里，带着它们多溜达一会儿或多跑一段时间，以尽可能地消耗其体能。这样，它们便能更加自在地出入那些可能会遇到陌生面孔的公共场所。然后，充分地与其交流，告诉它们玩耍时间结束了，您想给它们介绍一些同样喜欢和狗狗待在一起的新人类面孔。在公园某个安静的片区，选一个人们可能会在此散步、就坐或者随意铺块毛毯就躺下的地方。

识别那些对您的狗狗表现出兴趣和充满正能量的人（比如面带笑意、开怀大笑以及可能正在与自家爱犬玩闹的人）。要想保证您和爱犬在公园里遇到新鲜面孔时能表现得轻松自然，那么就请您认真询问辨识出的人选，看他们是否愿意接近您的爱犬。大多数人很可能会回答“愿意”，随即走到您家狗狗的身边。这时，为了确保您和爱犬都能坦然面对这种场景，请让您的狗狗坐到您旁边，适当地问候一下初次见面的路人。在此过程中，请使用您家狗狗所熟知的或者以前见陌生人时所用过的关键词，比如我就喜欢用“绅士一点儿”“乖乖的”，或者“让他们看看你多棒”之类的词语。而且，请时刻谨记，选用积极正面的词语作为您的关键词，并在此类情景中坚持使用同样的词语。远离那些诸如“不”“不要”或者“停下”之类的词语，因为这类词语所传达出的负能量正是狗狗和猫咪难以正确理解并试图避开的东西。在本文中，我所提到的那些正面关键词都是在教导我家狗狗在他人面前该如何表现时使用的词语。在为其引见他人的同时，我还会在脑海里设想出我所期待的一整幅场景。当会面结束后，我会对参与者表示感谢，并让我的狗狗知道该继续前行了。当然，对狗狗的优秀表现，也少不了一番夸奖及一顿犒赏它的大餐。

让您的狗狗与其他狗狗社交

让您的狗狗与其他狗狗社交同等重要，狗狗间一些不可思议的友谊便是从中建立起来的。在地点的选用上，我建议大家要避开双方狗狗的家，选一个对双方都公平的中立地方，有大片空地的公园再好不过了。我并不推荐那种封闭的狗狗公园，因为在此玩耍的狗狗大多都解开了项圈，忙于你追我赶、嬉戏玩闹以及探索公园。这通常会比较混乱，人和狗都很难保持专注。所以，请保证每只狗狗都佩戴着项圈。理想状态下，在狗狗们会面和问候前，先在公园其他地方分别对其进行一番训练。

如果有可能的话，在公园里安排约见一位家里有狗并且其狗狗能安静自在地与其他狗狗待在一起的朋友。确保约见的地点安静，没有其他人或狗狗打扰。我建议开始先进行短暂的会面，然后循序渐进地拉长会面的时间。起初，一次五分钟或十分钟的会面和问候就算成功了。一定要记住，前几次会面的目的在于让您的狗狗能自在地和其他狗狗相处。一旦此目标达成，您和朋友就可以为狗狗们安排更长的相处计划了。

在约见时间前，充分训练完您家狗狗后，请安静地待在它身边。接着，就会面和问候时会发生的事情，与其进行交流沟通：解释它们互动的过程中您想让它怎么做；更为重要的是，用积极的态度跟它解释为什么这样做对你俩都好。在一切真实的情况发生前，请您保持专注并通过意念设想整个会面过程。深呼吸，平复自己的心情和能量并设想其积极的结果。在此之后，带它前往计划的场地。

一旦大家都抵达先前约定的地点，请记住一定要保持镇定，自我坚信一切都会顺利进行以及每个人都会享受这次会面的过程。允许狗狗们闻几下对方以示问候。使用先前您家狗狗见新面孔时所用的相同的关键词。在此，我再重新强调一遍，像“友善点儿”“乖乖的”或“绅士点儿”这样的词语都是不错的选择。

等会面和问候结束后，不仅要感谢您的朋友，还要谢谢他的狗狗。当他 / 它们走开时，一定要让您的狗狗明白它表现得特别好，现在你们也该离开了。同时，对您的爱犬进行表扬，就如同这是它表现最好的一次，并让它知道您为其行为感到骄傲和自豪。当然了，一顿好吃的同样不失为对其表示感谢的好招术。

等您的狗狗能够淡定地问候安静或者熟悉的狗狗时，您就可以为其安排与不熟悉且高能的狗狗或狗崽会面了。问候的步骤和方式保持跟先前一样。在熟悉的公园里散步时，问候遇到的新狗狗，对大家来说可能都是一段美好的经历。然而，不要自认为有些人想要接触您的狗狗或者很爽快地答应允许自己的爱犬与您的狗狗交往。一定要事先询问狗狗主人是否欣然接受动物们的会面，并且要注意询问时让狗狗们彼此保持一段安全距离。如果人家不愿意，走开或靠边站即可，让人家先过。如果人家欣然接受了狗狗们的会面和问候，然后就用您见朋友和他家狗狗时同样的方式进行下一步即可。

尽早让狗狗们开始社交

尽早开启狗狗的社交过程是很有必要的。其理想状态是当它们还是小狗狗的时候，使其习惯与人以及其他狗狗交往。在其尚稚嫩之时，您就开始与其交流和设想场景。作为一只狗宝宝，与人们互动，被人们拥入怀中、接受他们的爱以及跟他们玩耍，会让它们在人堆里备感舒服自在。

这也同样适用于年幼时为它们引荐其他狗狗和动物。慢慢地，它们能自在地与不同类型的动物待在一起，并且从它们身上学会如何做事。尽管它们还小，也要出门为其寻找社交的机会，例如带它们去当地提供小狗社交课程的训练场所。此外，我们还要为它们寻找与其他小狗以及与其个头差不多的成年狗狗进行社交的机会，最终一步步地让它接触那些懂得如何与小狗社交的大型犬。但请您谨记，有些成年狗狗应付不了某些高能的小狗崽，可能会被其激怒。

让大龄狗狗社交

如果您的爱犬年龄已较大或者并非由您抚养长大，这也不要紧。像这样的情况，只要您持之以恒地运用上述所讲的社交法，并对您的狗狗表现出足够的耐心，就依然有很多机会为其成功打开社交生活的大门。保持乐观、与其交流以及运用场景设想法，只要您能做到这几点，成功便不在话下。

劳里，我的一个客户，她很享受和最近领养的五岁大的罗特韦尔犬“杰克”待在一起。她带着它去她最爱的公园，花大把时间陪它散步、跑步以及做拾捡东西的游戏。她们在那里一起待着很开心，并且这也有助于保持杰克身体的活力并激发它的思维。但不巧的是，杰克先前并未有过良好的社交生活，也从未有过在公园里与许多人和动物一起待过的经历。所以，为了消除杰克在公园里发生不愉快经历的可能性，她只选择在公园里很可能没人的时候带杰克去活动。

有一天，劳里联系到我，跟我讲她希望自己能让杰克更舒服自在地与他人和其他狗狗待在一起。然而，从之前她/它们在公园里几次为数不多的与他人和其他狗狗相遇的经历来看，结果都不怎么好。回想当时的场景，劳里颇为紧张，紧紧地抓住杰克的项圈。她知道杰克能感知到自己的紧张情绪。而杰克的品种和大个头也让遇见它的人心怀忐忑。此外，杰克还朝着那些人和狗狗汪汪大叫。那些狗狗感受到敌意后，也会朝杰克大声吼叫并一个劲儿地想挣脱其项圈。这样的会面使所有人都感到紧张，于是劳里犹豫着自己是不是该放弃此类尝试。

就此，我与杰克沟通了一番，跟它解释了去公园并遇到他人或狗狗是怎么一回事，并要求在此情况下得保持安静，绅士地对待其他人和狗狗朋友，这样一来，整个会面才会以皆大欢喜而收场。同时，我让劳里每次去公园前再跟杰克将此内容重复一遍，并要求她按照本章前部分所讲的步骤去做。我还提醒劳里要深呼吸、放松自己，并相信这样的会面会收到积极正面的效果。

到如今，几个月过去了，效果一直不错。劳里和杰克在公园里跟其他人和狗狗相处时，都表现得更加镇定，并且还交到了几个经常见面的玩伴儿，大家待在一起享受着空前快乐的时光。

让猫咪学会与其他人及动物社交

与人建立社交联系对猫咪而言也极为重要，而开启其社交的黄金时间就是它们几周大的时候。让其与不同年龄和能量水平的友人及家庭进行社交往来便是最佳选择。这样，它们既有机会暴露在那帮有无限能量、一直动个不停的孩子面前，也会遇到那种典型缺乏活跃性的老年人。

如果您家里还有其他猫咪或狗狗，要让它们尽快跟您带回家的新猫咪或幼崽进行接触。当然，您并不是想简单地把它们扔到一起便期待着最佳结果。相反，在初始社交阶段，您希望对其全盘掌控，包括它们彼此有多少接触、持续了多长时间。

我的客户谢莉尔想要安全且成功地介绍两只猫咪认识，其中一只是自己养了八年的菲比，另一只则是一个要在海外多待些日子的朋友托她照顾的莫里。而先前，莫里从没来过谢莉尔家，对其他猫咪也不感冒。之前谢莉尔曾几次为莫里引见其他猫咪，但都闹得不欢而散，不管在她家还是在朋友家，莫里都会攻击其他猫咪。

虽然在过去的几年里，菲比一直是谢莉尔家唯一的猫咪，但在此之前，她家也曾养过其他猫咪。因为了解莫里的过去，谢莉尔担心两只猫咪无法和谐相处。如果是这样的话，她就得在朋友不在的这三个月里，将它俩隔离开。

于此，我建议谢莉尔在开始阶段，先找一个中立的位置把菲比介绍给莫里，比如在她家封闭的后走廊处。起初，我提议给两只猫都套上配有项圈的背背夹，或把它俩都装进各自的猫笼里使其面面相对。这样在有安全措施的情况下，两只猫咪可以相互打量对方，谢莉尔也可以待在那儿监督，观察这种会面会不会按计划发展。一旦发现它们彼此都比较自在时，谢莉尔就可以打开笼门或者解开项圈。如果事情按预期的情节发展，它俩会一起进屋。在它俩能和谐共处一室前，这种阶段性的方法会帮助它们对彼此产生自在的好感。

针对此事，我特意提醒谢莉尔，她需要事先和菲比沟通一下，解释莫里只是一个暂时的访客，希望菲比能表现得很乖，带这位客人在家里参观一下。同时，我还建议她让菲比知道，有另一只猫咪做伴儿是一件好事儿，如果它俩能好好相处，她会为此感到开心。在此过程中，我跟她强调，最重要的环节就是通过意念设想出初次会面进展顺利的场景：两只猫咪成功地在一起待了一会儿，其结果整体不错。

按照我的方法，谢莉尔打消了心头的忧虑并对它们的会面充满了信心。两只猫咪面对这种状况，应对得非常完美，相处很融洽。菲比很乐意带着莫里参观自己的家，并告诉莫里该如何做事儿。甩开了最初的担心和恐慌，这次会面没有丝毫瑕疵。实际上，尽管谢莉尔的朋友已经从海外回来了，她还会时常带着莫里到家里找自己的小伙伴玩耍。

第十五章

分离焦虑症

关于狗狗和猫咪因主人离家而变得过度焦虑的问题，这些年我收到了无数的电话和邮件。无论是主人出门几分钟去浇浇花、白天去上班，还是离家出趟差，有些狗狗和猫咪会对任何的分离都感到紧张。它们对自己缺乏自信，主人的离开让其无所适从。

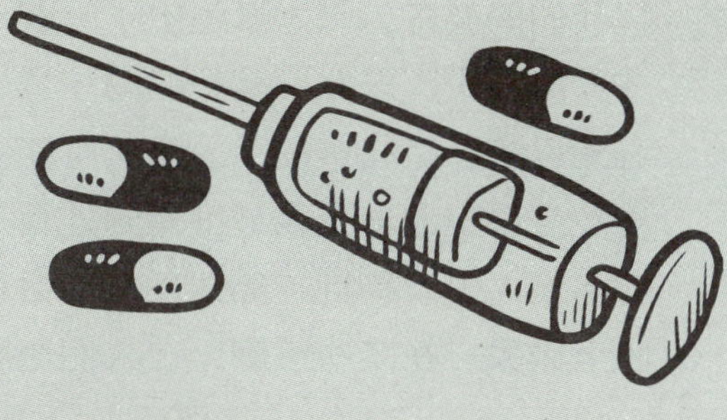

在这些情况下，狗狗和猫咪也许正经受着分离焦虑症之苦。尽管任何动物都会摊上这事儿，但我发现大多数发生在狗狗身上。犬类属于群居动物，待在群体里更自在。在家里，人作为这个小团体的头儿，狗狗则按主人的意思行事。然而，当家里的头儿离开时，它们便会陷入困惑之中，纠结于自己所扮演的角色以及头儿不在时它们该做什么，除非我们事先与狗狗沟通好。

家里的每位成员都有自己的职责，包括狗狗和猫咪。正如我先前所提到的，有些工作是主人为其布置的，其他的则是宠物们自我安排的。举个例子，某只狗狗也许会选择看家护院，因为它发现有守卫的必要。而另外一只狗狗也许会选择每天和孩子妈妈一起把孩子们送到公交站。这些工作对狗狗而言是有意义的，很大程度上决定了它们在家庭团体中所能扮演的角色。跟我们人类一样，当全家人都聚在一起且和谐相处时，它们也会感到心安。

但当这个团体突然面临分离时，也就是说这家主人突然要出门时，便会引发一场轩然大波。狗狗或猫咪无法理解我们的离开，以为哪里出了问题，于是会通过自己的方式做出回应，以此引起我们的注意、达到向我们表达其担心的目的。某些情况下，家具可能会被破坏得支离破碎、沙发坐垫里的填充物被扯得到处都是，或沙发抱枕被糟蹋得不堪入目。狗狗或猫咪还可能会在地毯、窗帘、睡毯或床上撒尿。在某些家庭，在人们毫不知情时，它们咬烂了很多双拖鞋和高跟鞋。我还认识这样一只猫咪：大门关闭时、闹铃作响时、车库门打开与关闭时，它都会露出惊恐的神色。它会跑到家里的制高点待着，直到主人安然无恙地回到家才敢下来。

说起我们家的那条雪纳瑞克莱默，就是一个彻头彻尾的“妈宝男”。妻子金姆一旦离开其视线，克莱默就会变得焦躁不安，无论妻子是去前厅走廊浇花还是把可回收品送到车库旁边的垃圾箱里。如果金姆忘记将自己的去向告知它，它就会呜呜乱叫并在家里来回踱步，直到妻子再次回到它的视线里。尽管在及时告知宠物自己去向这方面，妻子和我做得已经不错了，但有时候还是会忘记。毕竟我们平时有太多需要考虑的事情。通常，我们会很快记起此事，回去跟克莱默及其他小宠们解释一下情况。一旦我们将事情跟克莱默全盘托出，它就会平静并开始放松下来。一般来说，在金姆离开处，克莱默会找个地方趴下来，但不再乱叫、乱转，并更加轻松地应对金姆的短暂离开。

对于任何狗狗或猫咪而言，充满破坏性和毁坏家里的东西并不是它们的典型天性。在它们的世界里，无法搞懂诸如愤怒和厌恶之类由自我驱动的情感。作为家庭的一分子，它们只想做最好的自己，希望带给我们快乐并维护家里的安宁。然而，对一些宠物来说，分离焦虑症的确是个问题。那么，我们该怎么做呢？

针对分离焦虑症，跟您的狗狗或猫咪保持沟通，使其知悉家里发生的一切，这很重要。当您离家前，请告诉它们您的去向及归期。而更为重要的是，让它们知道您不在的时候，它们需要做什么——换句话说，正如在十三章中我们所探讨的，给它们布置一项任务。我建议家里的每个人都应紧跟如下三部曲的步伐，我称之为分离焦虑症三点通。

分离焦虑症三点通

1. 让您的狗狗和猫咪知道您要去哪儿（比如：出差、取信、上班、度假等）；

2. 让您的狗狗和猫咪知道您何时回家（比如：几分钟、八小时、三天等）；

3. 让您的狗狗和猫咪知道您不在家时，它们该做什么（比如：小憩、啃骨头、友好对待宠物看护员等）。

您或许在想“他是不是真的想让我告知家里所有的狗狗和猫咪我要去哪里、什么时候回来以及它们在此期间该做些什么”。对于您这个疑惑，答案是“千真万确”。其实，这跟您对待其他家人是一样的。难道您曾想过出门时不跟家人讲明去向、归期，或要求他们在您离家时干点力所能及的事情吗（比如：写作业、把碗碟从洗碗机里拿出来、倒垃圾等）？下面我将分解每一个步骤，并做出更详细的说明。

您要去哪儿：您的狗狗或猫咪根本不知道出差是什么意思。它们可能会知道邮筒的用途，但前提是它们曾不止一次地陪您去取信。当您离开时，自认为一切尽在您的掌握之中，但要是您认为狗狗或猫咪也能够理解到这个层面，那这对它们来说是不公平的。它们所知道的仅仅是哪方面一定出了大问题，这种不确定性恰恰也解释了您不在家会导致它们做出消极回应。而避免它们在您离开时被焦虑彻底打败的最佳方式就是让其知悉一切。与它们交流时，最好简单明了："现在我要去上班了"，"我要去邮筒那儿查看一下信件"，或者"我要出几天差"。

您何时回来：接下来，让您的狗狗和猫咪知道您何时回来。如果您会在当天晚些时候回来，那么就告诉它们您要离开几个小时以及让它们知道您回来的准确时间。正如我在十一章提到的那样，我坚信狗狗和猫咪了解时间观念，既知道钟点也懂得天数。打个比方，您可以这样说："我现在要去上班了，晚上六点钟回来，也就是再过八个小时就可以了"、"我去看下邮筒，五分钟内就回来"或者"我要去西雅图出差，三天后的周四我就回来了"。

如果您随后发现回家时间被推迟，无法按原计划赶回家时，请抽点儿时间想象一下您家狗狗和猫咪的样子。一旦脑海中映现出这幅画面，您便知道已经与它们取得了联系。然后，默默地跟它们分享您会晚于计划时间到家的信息。比如，如果您会迟到一小时，然后在脑子里想象一下回家的新时间在闹钟上的位置。请相信您的宠物已经“听到”了您的话，在您回家前会乖乖地待着。

您离开时，它们需要做什么：第三步，即最后一步，就是告诉您的狗狗和猫咪在您不在的时候该做些什么。扮演好您作为一家之主的角色，逐一为它们布置具体的任务。这其中可能有您先前已经给它们布置过的或者某只宠物自我安排的某个任务。不管是何种情况，表达清楚，每次只布置一项任务并确保该任务适合您离开的这段时间完成，不会令它们感到有压力。避免像“看好家，保护好家里的每个人”或者“盯着窗户，不要让松鼠跑进院子里来”这样的任务，因为此类任务给它们带来的压力实在是太大了。

请千万记住用积极的口吻并使用正面的词语跟您的猫咪或狗狗进行交流，避免用诸如“不”、“不要”以及“停下来”之类的词语。如果您跟它们说“不要在地毯上发出叮当声”，它们会试图转移由“不要”所带来的负能量。您的指令在它们那儿就变成了“在地毯上发出叮当声”。相反，您要告诉它们“请耐心等待我们回来，然后带你出去散步，在外面你就可以发出叮当声了”。为其布置任务时，像“趴下小憩一会儿”、“保持沙发我最喜欢那地儿干爽温暖”或者“愉快地跟猫咪玩”，此类选择是可取的。

防止产生分离焦虑症的关键在于要清楚、持续以及积极地与您的宠物交流。家里的每位成员都必须为之贡献自己的力量。保持自信，相信宠物们会接受并理解您所说的话。无论何时，都试着用这种方式与其交流。这可不是一朝一夕的事情，这可是朝朝暮暮都得坚持的事情。

请注意，您并没有必要找到家里的每只宠物，把它们拎起来、用胳膊环抱着、盯着它们的眼睛对其完成这三个步骤。如果您可以，也愿意这样做，那么倒也没人拦着您。要不然的话，您可以简单地站在房间中间，将其作为一个团组宣布这些事情。即使待在不同的房间，它们也能理解您讲的话以及您释放出的信号。

另一方面，您也不该急匆匆地跑出门时，快速大声地将这些信息一股脑甩给它们。这种做法对您的妻儿不管用，那么这很可能对您的猫咪或狗狗也起不到什么作用。

第十六章

日常变化

凡人总归摆脱不了那些繁琐的习惯：起床、洗漱、吃早饭、喝咖啡、去上班、吃午饭、下班回家、吃晚饭、与家人共享时光，然后上床睡觉。对我们大多数人而言，日常生活就是这般，一周五天，天天如此。但周末时光却可以有些许放松。所以，我们可以借机多赖一会儿床、锻炼身体、替人跑跑腿儿、跑去看场电影或参加各种活动。而

对大部分家庭而言，我敢说每周前五天，其日常生活基本是一样的，仅有紧接着的那两天周末会稍稍有些不同。

跟我们很像，我们的狗狗和猫咪也有自己的日常生活。每天，它们都得起床、出去或到小盒子那儿上几次厕所、一日吃三餐、白天频繁地小睡上几觉、在您回家时送上问候、去散步、和您共度一段晚间时光，然后于夜晚进入梦乡。随着狗狗和猫咪慢慢融入您的家庭，它们开始意识到每周都有那么连续的五天，无法在白天长时间跟您待在一起，而接下来的两天，可以更多地跟您共享白日时光，因为那两天您在家待的时间更长。

但当您的日常生活发生变化时，又该是何种景象呢？举个例子来说，您接到孩子学校打来的电话，被告知您孩子生病了。然后，您不得不抛开手头的一切开车去学校。接到孩子后，不是载他们去看医生，就是带他们回家休息。而这会对您的日常及情绪有什么影响呢？会因为不知道医生将告诉您何种病情而感到焦虑不安吗？会因为占用工作时间而感到羞愧吗？那么相应地，孩子们明白正因这种出乎意料的日常变化使得您的表现异于往常。那么目睹了您的反应后，孩子们又会做何反应呢？

如您所知，日常生活变化会极大地影响我们的情绪，而这些情绪又会影响我们周围的人，包括我们的宠物。因为它们能感知到人类同伴的情感变化、反应和能量波动，知道有些事情发生了改变。如果您在某个非常规时间回家，也会扰乱它们的日常生活。

在此，请不要误解我的意思。无论大家几点回家或已离家多久，当您回来时，它们都会欣然地对您和其他家人表示问候。但如果未曾向其做出解释，它们的确会纠结于为何您回来得这么早。

把日常发生的变化告知宠物

不管日常生活发生的变化是暂时的（比如出乎意料地大白天回家、度假一周、带狗狗去做美容等）还是长期的（比如，退休后您有更多时间待在家里、您决定将白班调换成夜班、您准备乔迁新居等），有三件事情您一定要跟家里的宠物进行沟通交流：

1. 日常生活发生了何种变化（当前的形势、将持续的时间以及对它们的影响）；
2. 它们该如何应对此种日常变化；
3. 为何这种改变对它们来说是一件好事。

下面，我们就以日常生活变化之“度假”为例，将此三条理论在您的狗狗和猫咪身上实际运用一番。在真正出发度假前，您应该至少提前一月将此计划告知它们。因为狗狗和猫咪都活在当下，它们把任何事情都视为“现在”进行时，所以您需要十分具体地告诉它们：您的度假已安排在三十天后。

无论它们是否会跟您一起去度假，您都该让它们知道此计划会对其产生何种影响，以及这种影响将会持续的时间。如果它们跟您一起前往，您需要告知它们你们去度假地所选的交通方式、单程路程所需时间以及对目的地该有何种预期。但如果它们不会与您同行，那么您就需要向其解释清楚您在外的这段时间，它们的日常生活会是什么样子的。

举个例子，前几年，我和妻子金姆去度假。我跟家里的两条雪纳瑞犬巴兹和伍迪都解释了一番：我们俩准备出门度假一周，在此期间外公和外婆会来照顾你们。尽管以往我们出城时，我的岳父母总会很细心地照顾我们家的狗狗和猫咪，但这跟我和金姆在家照顾它们根本是两码事儿。

伍迪听到这个消息后的第一反应就是坐到地上，直勾勾地看着我，发出它那再熟悉不过的雪纳瑞式“呜呜呜”声。这就是它向我们表达不满的方式，因为我们的离家，更因为它不能和我们一同前往。于是，挨着它和它的兄弟，我坐到沙发上与其详细讲述了整个计划。

整个解释过程是这样的：首先，我告诉它们，金姆和我要离家七天，因为目的地实在太远，所以无法带它们一起同行。然后，我又告诉它们，外婆和外公会好好照顾它们，每天晚上我们会打电话回来看看它们过得怎么样；我们不在家时，它们要帮外婆和外公照看房子，而且要表现得超棒，这样我们才不用挂心。最后，我告诉它们，这对它们而言也是一件好事儿：外婆和外公并不经常到访我们家，但我们离家时，他们俩总会给巴兹和伍迪很多爱和关怀，所以俩兄弟可以借此机会多与外公和外婆共处。

在明白了为何变化、我们离家后它们需要如何应对以及为何这对它们来说也是一件好事儿后，它俩都开始放松下来。在旅行中，我们每晚都会打电话回家询问情况。据我的岳父岳母所言，“男孩儿们”表现得都很棒，并且也很享受和外婆外公在一起的时光。

凯蒂妈妈通常只是随大流。只要我告诉它我们的去向、归期以及我们走后它该做什么，那即便我们离开，似乎也不会带来任何烦恼。通常，我会要求它注意安全、在车道旁的樱桃树下或者雨天里在车库温暖的小床上小憩一会儿。无论是我们出门度假几天还是只去库房一个小时，我总会遵照“三步走”来行事。

然而，在未被提前告知的情况下，关于它日常生活中那些诸如开饭时间或者其爱床摆放位置等方面，即便发生了轻微的调整，它也会面露紧张。为此，它会有意地蹲在车库边或车道旁，因为它知道待在这些位置我会看到它。它盯着我看了很长时间，跟我交流并传来一张脑电图，询问其食物在哪里或猫床搬到哪里去了。如果我还是没有明白其暗示，它就会朝着其食物或猫床通常放置的方向望去，然后再回看一下我，并确保我已读懂了它的满心不悦。于此，我很快便知其暗示并赶紧做出补救。当然，我会因改变了它的日常生活而向它道歉，并让它知道下次我会做得更好。

所以，如果您下次还认为改变爱宠的日常生活并不会对其产生负面影响的话，请您三思，不妨对照自身考虑一下情况——日常生活中即便很小一点干扰都能影响到您。按照“三步走”法，看看宠物们是如何更好地应对日常变化的，我敢打赌您定会为此惊喜万分的。

第十七章

猫咪和小盒子

您也许会想，什么才是猫咪的头号行为问题？对我而言，这些年来其答案始终都是：突然间，它们便停用小盒子。

猫是聪慧的动物，其他动物很少本能地知道那些装着沙或土的小塑料盒子有何作用。您可以把这盒子放在家中的任何地方，猫咪都会找到它、使用它、掩其粪便，然后走开，就像什么都没发生一样。而这整个过程真没掺加丝毫的人工训练。您只要把盒子放下，让猫咪知道盒子就在那儿放着，然后就不用再管了。

当猫咪没看见小盒子而未用其如厕时，也彰显了它们的聪慧。您可能会问："猫咪未发现盒子怎能算作一种聪明机智的表现呢？"是这样的，在极大程度上，猫咪是非常独立的生物。大多数情况下，它们都喜欢到家里某个地方独自待着，享受此处的孤独与静谧。我们已慢慢理会到：大半天也看不见猫咪们的身影时常印证了它们的此项特征。只要有迹象表明我们的猫咪一直待在周边以及其食物已被吃完，我们就认为它们的世界一切安好。相对应地，如果自知有什么不对劲的地方，猫咪们也明白此事需要引起我们的注意。那么，引我们注意最好的方法是什么呢？忽略那些小盒子，直接在盒子外便溺！

为什么猫咪会停止使用小盒子？

当一只猫咪停止使用小盒子时，这绝非偶然。此处并不是指绝不会有丝毫意外发生在它们身上，但如果这种情况不断发生的话，肯定是出问题了。其实，您的猫咪正试图引起您的注意以倾听其心声，它们需要您认识到问题并更好地解决它。

我曾目睹猫咪们因各种缘由停止使用小盒子：身体有恙；家里最亲的人搬走或者去世了；有人更换了盒子的样式、摆放位置、在盒子底下放了塑料并且还挨着墙；放了新盒子。也就是说，猫咪放弃使用小盒子的原因可能是多种多样的。其实，它们能想法引起我们的注意并警醒我们它们遇到了烦恼，这非常重要。而我们努力弄清其中的原因并想办法挽救并没有那么了不起。

根据我多年的经验，猫咪放弃使用小盒子有三大主要原因（当然，没清理盒子除外）：

- 身体问题
- 情感问题
- 心理问题

身体问题：身体状况不好会扰乱猫咪的一切，可能会改变其饮食习惯、饮水量以及与人和其他动物社交的愿望。它们跟我们一样，身体不适时，行为举止也会发生变化：当处于低能量并感到厌烦时，我们不希望别人打扰。

我们的猫咪跑到自己最喜欢的地方休养，试图以此治愈自己。它们可能想与我们保持距离，不让我们知道其身体不佳；有些猫咪甚至想要掩饰自己的病态，当我们在其周围时，猫咪会表现出一切貌似都很好的样子。随后，为了恢复身体，它们又会回到自己最爱的地方。只有当病情长时间反复或者加重时，它们才会试图引起我们的关注。而这时，引我们注意的最好方式便是放弃使用小盒子。

猫咪生病数天或数周，病情发展到某种程度后，我们才会意识到其中的问题。通常，它们会一直通过停止使用小盒子来引起我们的注意。而猫咪们最常见的身体疾病有：

- 膀胱感染
- 糖尿病
- 激素（荷尔蒙）变化
- 胃肠问题
- 肾结石
- 肝炎
- 甲状腺异常
- 尿路感染

所有这些医学疾病都会令猫咪们不舒服或备感疼痛，或者对其产生严重的长期影响。那么，为此您应该怎么做呢？一旦发现家里的猫咪没有规律地使用小盒子且小盒子周围的一切未曾发生任何改变，请尽快带它去兽医那里做检查。过分谨慎也总比小病酿成大患强。

情感问题：跟人类一样，宠物们也会经历同样的情感问题。家里有人因学业或工作而需要搬离时，它们会伤心；某位家人的感情宣告结束时，它们会心疼；至亲（人或其他宠物）去世时，它们也会难过和悲伤。因为宠物们与其家庭有深厚的感情，它们也能对家人的情感做出回应。猫咪们通常会选择放弃使用小盒子，以此来表现其对当前事情的感受。在弄懂引发事情变化的原因前，它们可能不会重新使用小盒子。

为了解决这些情感问题，您首先需要认识并承认问题之所在。根据我的经验，就某事聊一聊，人们就会舒心一些。但大多数人并未意识到，除了与家人聊天外，还需要跟宠物沟通交流。既然已经知道宠物能够理解我们所说的话（通过我们的用词、说话的语调以及我们脑海中为其映现的图像），我们为何不能像与家人谈话那样跟我们的宠物也聊聊天呢？请花点儿时间和您的猫咪待在一起，按以下方式与其解释事情：

1. 说明当时的情况以及您准备做何应对；
2. 告诉它们需要怎么做才能帮您走出困境；
3. 解释需要它们这样做的原因以及为什么这对其来说是一件好事儿。

此过程跟您给孩子们解释事情是很相似的。为其做解释时，您要尽量保持清楚、直接和镇静。举个例子：“萨西，我知道吉米离家去上大学，你为此心烦意乱。我也是啊，但我准备试着不去伤心难过。相反，我会这样想，吉米在那里会收获很多的乐趣。我希望你成为一只坚强又漂亮的猫咪，上厕所一定要使用小盒子。这样我会很开心，我知道你一向都希望我开开心心的。”

通过这几个步骤，您已分享了自己的情感，心情也好了不少。那么相对的，您的猫咪也会更好地理解您的处境，事情终会回归到正常的状态。

心理问题：当家中猫咪的日常生活发生了某种改变并为其带来某种挑战时，那么其心理问题便会由此而生。这些问题通常源于以下几种情况：

·没有被告知的情况下，一只新宠物被带回了家；
·另一只宠物挑战猫咪的领导地位；
·家里的日常生活发生了变化；
·把小盒子放在家中的其他位置，比如某个不私密的地方或者其位置太狭窄、幽闭（比如壁橱里）等；
·买了一个颜色、尺寸或形状不同的新式小盒子。

正如我们讨论的那样，家里任何一点儿变化都会影响您猫咪的感受和行为。跟其他宠物一样，猫咪们也乐意了解自己家庭的动态，包括它们如何融入大家。它们想知道在家里自己需要怎么做，人们对其有何期待、它们的任务是什么以及谁掌管一切。

为了避免您的猫咪出现任何心理问题，请遵循上述处理情感问题时的三步：

1. 说明当时的情况以及您准备做何应对；
2. 告诉它们需要怎么做才能帮您走出困境；
3. 解释需要它们这样做的原因以及为什么这对其来说是一件好事儿。

在此，需要澄清一点，我并不建议您事发前便组织一次家庭会议（包括宠物）探讨所有的细枝末节。您不用非得通过让爱喵们“喵”一次表示“是”或“喵”两次表示“不是”这种方式来征得它们的同意。我只是想建议，在任何变化发生前，不管这些变化或大或小、或长或短，您都应该多花点儿时间和您的猫咪待在一起。就像和小孩待在一起那样，跟您的宠物聊聊将要发生的变化，设想这所有的变化都会是乐观向上、令人享受的，抛开一切会对家庭造成干扰的紧张或担忧，看好最终的结果并坚信一切都会好的。以上这些方法会使您感觉好很多，猫咪们也会更加理解您的期待，而您所需担心的就只有定时更换猫咪们用过的小盒子。

第十八章

过度吠叫

我受人之托帮其解决的最常见的狗狗问题便是过度吠叫。如果客户电联我而不以此为主要原因的话，他们所遇问题中通常也掺杂了该类成分。狗狗在家时，喜欢通过吠叫让我们知道它们听见外面有动静；而在户外时，它们也喜欢通过吠叫让我们知道它们看见外面有人或其他动物。有时，它们吠叫仅仅是为了向世界宣告“老子在此，这是我的地盘”。而其他时候，它们吠叫貌似根本没什么明显缘由。门铃响起时狗狗开始吠叫，为此，我真心不想去解

释什么。狗天生爱叫，但这往往不是我们所希望的——哪怕它们叫几声再安静下来，对我们大多数人而言，这都已经够我们喝一壶了。

关于狗狗过度吠叫的问题，我略知一二。多年来，作为一名雪纳瑞养主，我一直深感自豪。雪纳瑞是极好、超级聪明的犬种。但因其猎犬属性，这类狗狗很容易狂叫不止。而我那条小雪纳瑞达斯特，绝对是个典范。它体重九磅，单纯、爱激动，其主要工作任务之一便是让我们知道它周围发生的一切，这也是达斯特给自己布置的任务。如果邻家狗狗待在户外或者邻居开车驶入他家的车道，它会吠叫着将该情况告知我们；当垃圾车到此或者快递司机扔下包裹时，它会汪汪大叫；如果散步时有人靠近它，它也会汪汪叫几声，而如果这些人不停下来向其问候几句，它可真的会给他们一点儿颜色看看——朝着他们狂吠不止；甚至当消防车或警车在周边鸣笛时，它都会大叫起来，或者更像是在歌唱或号叫。达斯特爱叫，但是一旦我们搞懂其吠叫的意图时，它便会收声。只要让其知道我们也已听到了警笛声、感谢其付出，然后对其表示一下关心，它就会很高兴。对待自己的这份工作，达斯特非常认真，简直是一个“汪汪”专家。

而我家另一条雪纳瑞克莱默，就没那么爱叫。只有当其他狗狗靠近它或者我家院子时，它才会过度吠叫起来。

此外，克莱默对那些我们散步时遇到的沿人行道或马路慢跑的人也不感冒。它搞不清楚这些人跑去追逐何物以及为什么每个人都愿意慢跑或奔跑，这一切貌似并没有什么理由。但只要我们让它知道一切都正常并且不需要吠叫时，它就会很快闭上嘴巴。

阻止过度吠叫的小窍门

如果您的狗狗身上也存在过度吠叫的问题，那么我为您推荐以下几个步骤：

分散注意力：有时候，狗狗们会被自己所吠叫的事情束缚住。它们陷入了某个地带，需要赶紧被解放出来。在此情况下，您需要拍下手、打个响指、拍几下腿，或者在它们面前挥一下手来分散其注意力。使用以上任意一种方法，使其注意力转移到您身上来并让其听您讲话。如果有必要的话，可以重复此步骤。

表示已知悉：请您时时刻刻表现出已知悉其吠叫的内容。为此，您可以朝爱犬吠叫的方向做出简单的回应，也可以说一些类似“好的，我也听到了警笛声了”这样的话。在此过程中，请确保您将正能量传递给吠叫中的爱犬，并且对其说明警笛并没有给您带来烦扰，它们也不必为此而担心。如果它们朝着窗外或门外吠叫起来，您或许也想同它们一起到窗边或门前一探究竟。这时，您可以看一眼外面，对它们简言几句，比如“好的，我也看见快递司机在咱家车道外”。

表扬并感谢：在您知悉爱犬吠叫的原因，它们已收声并转移注意力集中听您讲话时，请对爱宠让您获悉其所见所闻这一出色表现送上您的赞扬及感谢，跟它们说一些像“干得漂亮，谢谢你让我知道我们院子里有只松鼠”之类的话。如果您就在它们身边，请温柔地拍拍它们，再次称赞其努力付出。

给予奖励：在表扬完它们的出色表现后，请您对其予以嘉奖。至于奖品，可大可小。您可以仅邀请它们散个步，或您躺在沙发上看电视时，让它们趴在您身边；也可以请它们大吃一顿或者奖励给它们一些玩耍的时间。

根据具体的情况以及某些容易引起爱犬吠叫的敏感源，您可以综合运用以上步骤，也可以选其中一项单独使用。为此，我的个人建议是，只要能将您家狗狗的吠叫控制在合理的范围内，使用哪个步骤或哪些步骤都是可行之举。

要表扬自己那只正伸着脖子、仰着脑袋不停吠叫的狗狗，一开始您可能会觉得有些怪异；也可能会觉得有些自相矛盾，明明不希望它们这样做却要对此行为予以赞赏。然而，这毕竟是它们给自己安排的工作。对某些品种或者具有某些特征的狗狗来说，警觉性的吠叫本该是一件很自然的事情。但是，如果您按照这些步骤做，您的狗狗会明白，它们认为需要引起您注意的事情，通过吠叫这种方式给您提个醒儿是可以接受的，但并没有必要过度吠叫。

相反，朝它们大吼大叫或做任何负能量导向的事情都不会起到什么作用。在某种特殊情况下，这种情况可能在短期内会有所改观。但长期来看，这会导致它们直接过滤掉您那些负面的话语和能量，并且会继续肆意吠叫。

当爱犬为您奉上一场“吠叫盛宴”时，请您记住一定要保持镇定、进行深呼吸。为抑制其过度吠叫的行为，我们不该直接刺激它们，而是要分散其注意力，对其吠叫所释放的信号表示已知悉，表扬其努力付出并且给予它们奖励。

第十九章

开车去兜风

在狗狗和猫咪中，晕动病十分普遍，就如同我们某些人晕动一样。至于如何减缓或彻底摆脱晕动病症，您可以先开车带狗狗和猫咪进行短途兜风，然后逐渐拉长行车时间。如果您打算开车带着待在笼内的狗狗或猫咪去兜风的话，请确保它们已事先适应了待在笼内这种状态（可参考第二十一章“笼内训练法”）。而有些时候，当您即便提前对爱犬和喵咪训练了一番并使其适应了新环境，但它们依旧晕车时，您就不得不让它们服用防晕的宠物药了，包括兽医所开的宠物专用抗组胺剂、抗恶心药或者镇静剂。

我曾有条漂亮的波美拉尼亚小狗，名叫尼希。我上大三那会儿，在房东告诉我公寓里可以养宠物后不久，尼希就来到了我的身边，它喜欢跟我到处去旅行。我的学校距离父母家仅有不到一小时的车程，每次回家我总会把尼希也带上。

尽管从小狗崽阶段起，我就开车带它去兜风，但尼希从未真正爱上此项活动。上车出发前，我会先带它出去散散步，因为知道它曾经有过晕车的经历。散步时，它会上个厕所。然后我会和它一起回到车那儿，把它放到后座上，而它会顺势躺下。刚驶离我公寓仅几条街，便闻到一股臭气从后座处弥漫而来。我便将车停靠在马路边，对尼希所在的后座进行检查，发现它旁边有一堆粑粑，但就是不太明白出发前它刚上过厕所，怎么又能拉出一堆粑粑。对此，我为它感到难过，总会试着安慰它。幸好，我大学时的座驾是一辆带塑料座椅的旧家伙，易于清扫。

我还记得另一次晕车事件，当时的场景至今还历历在目。那时候，我和金姆带着一条年幼的黑色混血狗狗和一只中毛黑色的猫咪去当地一家电台演播室出席早间秀节目。演播室离那家动物收容所大约一小时车程，在被领养前，这条狗和这只猫就在此安身养命。大概走了有四十分钟车程时，我们开始闻到一股恶臭味从放狗笼和猫笼的SUV 后备厢中蔓延开来。那臭味简直太要命了，我们不得不降低了车窗。

一到电台演播室的停车场，我们便停好车，马上打开SUV 后备厢。狗狗和猫咪分别被关在不同的笼子里，我们得查看到底是谁晕车。先看了一下狗狗，状态还可以。尽管它看上去挺适应乘车旅行，但当我们打开后备厢时，它还是很乐意呼吸些新鲜空气。然后，我们把注意力转移到猫咪身上，发现境况一团糟。笼子的背面和它身下铺的毛巾已被吐了个遍。我们把它从笼子里抱出来，想将其背后的脏东西清理掉。但脏物显然已经沾到了它的毛上。此外，那气味简直让我们难以忍受。

随后，金姆把猫咪放进一个小点儿的猫篮里，带到洗手间为其清洗一下。这时，距离早间秀节目只剩下十五分钟，我们得赶紧打扮猫咪，使其上得了台面。与此同时，我留下来打扫猫笼，带狗狗去参加节目。那是我有生以来所闻过的最糟糕的气味之一，简直太恶心了，以至于我开始作呕，差点和猫咪一样。在我努力清理脏污并使自己恢复镇静时，我听到了从 SUV 后备厢传来的呕吐声。我知道事情不妙，立刻停下手上的清理工作，朝狗狗那儿跑去，但为时已晚。后备厢里的味儿太难闻，它也在自己笼内呕吐了。我把它拖出笼子，用湿巾为其擦了擦脸，就匆匆带它赶去演播室出席早间秀节目。

谢天谢地，这十五分钟刚好够我们清理狗狗和猫咪，并按既定时间出了场。那次，狗狗和猫咪取得了空前的成功，它们都将自己甜美的性格展现给所有观众看。节目结束后，返回动物收容所，需要一个小时的车程。在把它俩关进笼子出发前，我们与其共处了一段时间。我跟它们解释回程将是何场景，以及要求它们在行驶过程中，如果感到不适，要想办法让我知悉情况。此外，我们还表扬了它们今天出色的表现并给予了它们一些爱意。整个回程过程中，我们没听见一点儿声音，后备厢里也没再释放出那股令人窒息的“香气”。当我们到达收容所时，所长告诉我们办公室里的电话一直响个不停。人们在节目上看到狗狗和猫咪的表现，很有兴趣领养它们。几天后，它俩就被领养了，现在正生活在它们完美的家庭里。

让宠物习惯并适应乘车

我建议我的客户，循序渐进地让他们的宠物习惯并适应坐车。开始的时候，先告诉狗狗或猫咪，您想向它们展示一下您的座驾，希望它们能放轻松，就当其是一个好玩儿且安全的地方。让狗狗或猫咪知道，如果它们能参观一下驾驶室，您会很开心。然后，把您的爱犬或喵咪放到车内并确保其戴好项圈或穿好背带，或者被关在笼内，这样一来，在您打开车门时，它们便无法逃走。挨着它们的笼子坐下，或者把佩戴好项圈或背带的爱宠放在您大腿上抱着。这时，请不要发动车。相反，给您的狗狗或猫咪一些时间，让它们习惯待在车里，让其有机会望望车窗外的场景、闻闻车内的味道、轻松自在地待在里面，让它们明白待在车内并没有什么可担心的，实际上这地方很安全。等它们感到舒服自在时，再把它们带回家。然后，为其出色的表现予以表扬，并给予它们一些关怀或者请它们吃顿特别的大餐。

我们一旦发现爱宠在停车状态的驾驶室内待得很自在时（所需时间长短不一，取决于您的宠物），接下来请依旧按照同样的流程走，不过此时您可以发动车辆但不要开动。此外，始终确保车辆停放的位置通风良好。慢慢地，让它们习惯引擎声。只要它们能挺过这一关，您就可以将车熄火，带它们回家，对其出色的表现再次给予表扬。

下一步便是把车开到车道或街道上，然后再开回来。如果您的狗狗或猫咪对这短距离移动反应良好，那么下次就可以开得更远一些。随后，可以带它们围着街道行驶。如果一切都进展得很顺利，请开车带它们去宠物供应店或冰淇淋店，请它们吃上一顿。再下次，试着开车带它们去周边的公园，或者去一个安静的地方野餐或放松身心。如果按照这些步骤执行，最终，您就能成功带它们去越来越远的地方兜风了。

摆脱晕动病的妙招

多年的经验告诉我，对于晕动病，狗狗和猫咪的经历体会和我们人类十分相似。其中，压力肯定“贡献”了一份力量。所以，旅行前、旅行中以及旅行后保持平静，这对我们以及爱宠而言都很重要。除此之外，下面是几个我多年一直在用且效果还不错的妙招：

姜糖饼干、姜茶或其他姜制食品：姜能缓解晕动病造成的不适，在短途旅行中可以预防晕动症。许多厂家制作的狗粮和猫粮中都含有姜的成分。请到当地宠物商店看看或者上网搜索一下，或者把姜茶拿给爱宠饮用。

保持空气流通：稍微摇下一点车窗，或者使空调排风扇吹向它们的脸，这招儿也管用。

断粮：如果车程在三小时以内，不要喂饱您的狗狗或猫咪（多喂点儿姜制食品应该是可以的）。如果吃得太饱的话，旅途中一旦出现不适，便可能会引发“不堪”的后果。

正对车前或车后：把您的狗狗或猫咪放在合适的位置上，使其正对着前窗或后窗，避免让其通过侧窗看外面的景观，这样有助于保持其身体平衡。这就好比我们玩过山车时，不看正前方而朝侧面看更容易引发眩晕。

打造愉快的旅途

确保您开车带爱宠们出行是奔着好事而去，去它们最爱的地方，而不能使它们仅把乘车兜风与之不喜欢的消极场所联系在一起，比如动物寄宿处或兽医诊所等。但当您不得不带它们去其不喜欢的地方时，也要想方设法使其变成一次愉快的经历。若到动物寄宿处，恳请那里的员工多多关照您家狗狗并喂它好吃的。但不要每次去的时候，都将其留在那里。慢慢帮助它们理解——有时带它们去动物寄宿处，不过是拜访几个和善的人，然后就回家。对待您的猫咪，也请同样如此——带它们去兽医诊所，只不过是为了跟工作人员打个招呼并接受一些正面的关怀。总之，要将那些爱宠眼中的消极事件转为正面的经历。

第二十章

暴风雨、烟火和其他的喧闹声

我从未见过哪条狗不惧怕某些喧嚣和吵闹，尤其是那些突然爆发的声响。我曾见过猫咪们正在前厅安静地睡觉，猛然被逆火的车辆或窗外震耳欲聋的音乐给吓醒。猫咪们受到惊吓便会马上起身离开，拼命逃脱这突如其来的响声。没有丝毫防备时，这类声响能把我们吓破胆，所以显然也会吓跑我们的狗狗和猫咪。

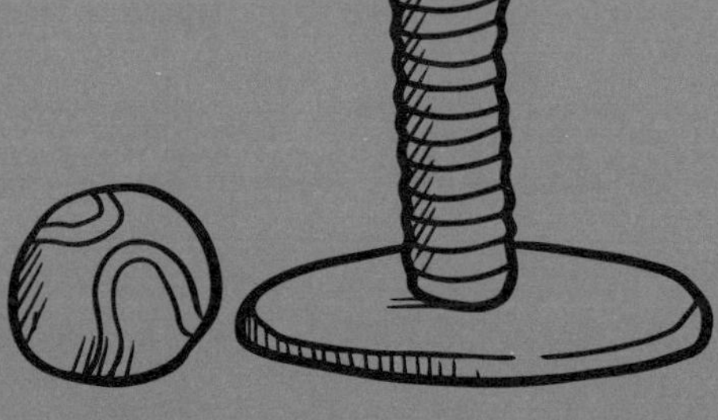

我们生活在一个充斥着噪声的世界里，很难静静地待着。对我们大多数人而言，就算我们待在家里，也难免会有电视机或收音机播放的背景音扰乱狗狗或猫咪的沉静状态。即便不是我们自家电视机或收音机的嘈杂之音，那么也会有邻家电视或收音机的嘈杂，或者他们驶入车道的声响。

就我们的宠物而言，有些宠物会被很小的声响吓到，而有些则似乎已对所有声响习以为常，并决定对这些声响不再给予那么多的关注，表现出一副好像不再受惊吓的样子，甚至懒得离开那些噪声源。举个例子，我家的娜塔莎——一只浅黄色斑纹的猫咪，总是对身边的任何一点声响保持谨慎，而我家另一只灰色斑纹猫咪——艾什，则不会因其感到丝毫烦恼。当狗狗在院子里朝着艾什大声吠叫时，它仍会横穿院子或我家的篱笆。对于割草机发出的噪声，艾什也似乎没那么在意。当听见割草机发动时，它通常会去屋后的林子里待着，因为它知道在那里不会被其噪声所打扰。

从日常的响声到偶尔出现的特殊声响，各种各样的声响都会对狗狗和猫咪造成干扰。下面我就来讲讲对我家狗狗和猫咪构成最严重冒犯的几种行为，看看妻子和我是如何将其干扰降到最低的。

开门和关门：就连升降车库门这种小事儿都能惹得我家狗狗仰头汪汪大叫，搞得我家猫咪如秋风扫落叶般逃散。此外，邻居家车门和后备厢关闭的声音也能吓到它们。这时，狗狗们会汪汪叫着跑到窗户那儿，看看是否有人来访。而猫咪们则会藏在灌木丛里或我家车库某辆车底下。虽然我没什么好办法控制邻居何时开关他们的车库或车门，但如果我了解其日常规律（他们何时去上班、何时去学校、何时下班回家等），我就可以跟家里的宠物交流此事，让它们对什么时候会发生什么事情有所预期并做到心中有数。如此一来，这些事情就不会完全出乎它们的意料了。

园艺工作：那些照看我们和邻家院子的园艺工人工作时产生的噪声是最糟糕的。那轰隆作响的割草机、发出咔嚓声的修剪器以及呼呼不停的吹叶机，这一切都是我们的狗狗和猫咪无法应对的。因为这些园艺工人都是定期过来工作，所以我总会与家里的宠物进行沟通，让其知道他们大概何时会来我家或邻居家修整院子。因为已提前知悉了园艺工人的工作时间点，在他们完成工作离开前，所有的猫咪都会出门探索附近的其他地方，但凯蒂妈妈是个例外，唯有它选择待在车库里。而我家的狗狗达斯特和克莱默则更喜欢待在门窗紧闭的室内。关上门窗有利于降低噪声分贝，在此类情况下，如果再打开电视机或收音机，则会更好地削弱这些令人不悦的噪声。

垃圾回收：从杂货铺或百货商店回来后，金姆和我会把塑料袋放到回收桶里。通常，我们会有一摞塑料袋，把它们塞进回收桶时，不得不将其揉搓弄皱。而这声音也总把我们的猫咪吓一跳，因此它们从不选择趴在回收桶附近。

每次我会先把大型塑料垃圾和回收桶滚到马路边，清空垃圾后，再把回收桶滚回车库那儿。而娜塔莎对此过程产生的噪声尤为敏感。移动它们前，我必须得跟它解释一下我正在做什么并告诉它待在原地即可，一切都会没事儿的。我慢慢地将回收桶移出车库，沿着娜塔莎正蹲坐位置相反的方向滚推，绕远路避开它，然后轻轻地把它们放到车道尽头。这个套路通常都能奏效，先跟它解释情况，然后再小心翼翼地移动回收桶。但如果我忘记提前与其打招呼或移动回收桶太快的话，它就会从车道窜到灌木丛附近，平躺在地上，睁大眼睛盯着我干活儿。

孩子嬉戏：我家的雪纳瑞克莱默好像讨厌孩子们在外面玩闹时所发出的尖叫声。你们千万不要误会——我家另外一条雪纳瑞达斯特对此也没有好感。只是当汪汪叫几声并收到我们已知悉该情况的信号后，它便会安静下来。但克莱默却很执拗，它会用两只前爪扒着窗沿朝着孩子们吠叫不止，直到孩子们安静下来，或者我们用第十八章所列的步骤使其安静下来。

大喊大叫或大声讲话：达斯特讨厌人们大声讲话或大喊大叫。有时金姆在楼上，我在楼下，为了让妻子听清楚，我会大声喊话，这时达斯特也会讨厌我。它好像对人的能量过于敏感，不喜欢人们讲话时提高嗓音。

为了让我们知其烦扰，达斯特会把自己蜷成一个球并把自己的小尾巴也藏起来。幸好这种事情不经常发生，我们会快速意识到这个问题并及时予以改正。我们为达斯特专门设置了一个关爱环节——跟它交流，让它确信自己并没有做错什么，屋里也没人发怒。当然，事后我们自感惭愧，因为本可以将自己的声音控制在它们可以接受的范围内，或者在我们开始大声喊叫前让达斯特知道当时的状况。

吸尘：关于可怕的吸尘器以及其产生的巨大噪声，在我们的共同努力下，狗狗们已成功攻克了此难题。开始，我先把吸尘器从壁橱里拿出来，使用前先在外面放几天，让狗狗们有机会闻一闻、看一看这个大怪物。慢慢地，它们对放在外面的吸尘器已习以为常。几天后，它们便对其视而不见，从它面前走过也不会多看一眼，有时候在走廊里甚至还趴在它旁边。随后，我把吸尘器放回壁橱里，狗狗们则完全忘记了它的存在。等我需要启用吸尘器时，我会从壁橱里把它拿出来并让狗狗们知道我准备使用它，让它们不必为此担心，并告诉它们会很乐意在干净的地板上玩耍或躺着。而今，当我打开吸尘器时，狗狗们汪汪叫几声后，这事儿就算告一段落了。它们会专注与自己的玩具玩耍，直到我完工。吸尘结束后，它们会陪我一起将吸尘器送回壁橱。对它们的出色表现，我会予以表扬并奖励它们一顿好吃的或一些玩耍时间。以上这种方法需要小段时间实施，需要多一些耐心以及不断地与它们沟通交流使其适应该场景。现在，听吸尘器声已成为它们日常生活中的家常便饭。

门铃：和大多数狗狗一样，前门门铃对我家狗狗而言就是个触发器，它们不停地汪汪叫，直到看清谁在门外。于我家而言，最大的问题莫过于金姆和我都在家工作。我们正参加某电话会议，若门铃一响，狗狗们便开始疯狂地吠叫，听上去就像群兽轰隆隆地绕着房子奔跑。然后，我们不得不把电话设置成等待或静音状态，直到我们去开门。

送货司机麻烦最大，因为他们总会到前门来。即便我贴了个小提示，让他们直接把包裹放在门厅处并且不要按门铃，他们还是会坚持按响门铃。更差劲的是，等我们开门时，通常他们已经走了。狗狗们不明白为什么门铃响了，门外却没有人影。通常这种情况下，狗狗们会在很长一段时间里一边汪汪大叫，一边把整个家搜一遍，寻找那位神秘的按铃人。

送货司机离开后，我陪着狗狗回到前门那儿，让它们坐下。我打开门，告诉它们按门铃的人已经走了。然后我关门上锁，让它们知道刚才是谁在门外并让它们闻一下那人留下的包裹。我对它们的行为表示感谢，让我知道有人按我们家门铃。进屋前，我会一直表扬它们并给予它们一些关爱，因为重新确认刚才发生的事情并因自己的良好表现受到一些表扬，这就是它们所需要的全部。

当我们的朋友和家人抵达我们家时，他们知道拨打我们的手机。然后，我们会到院子里或车库那儿迎接他们，于是狗狗们就可以在一个中立的空间问候他们。这样，狗狗们不再好奇门外站着的是谁，而开始兴致勃勃地欢迎我们的朋友。跟我们的朋友问候一番后，我们会给他们一些食品来喂给狗狗们吃。然后他们会要求狗狗们坐下等着吃东西。狗狗们知道会吃到自己最爱的食品，过后还能得到一些关爱，对朋友们的要求表示愿意无条件服从。一旦最初的问候结束，我就会要求狗狗带我们的朋友进行室内参观。它们会先行跨入门内，再等着所有人进屋。

烟火：几乎每条狗狗或每只猫咪都对烟火心生忧虑，会因其心神不宁。每年独立日和新年除夕庆祝期间，很多狗狗和猫咪都因此而走失了。尽管可以理解，如此大声、轰隆隆作响的噪声会使狗狗和猫咪坐立不安，但我认识的一些人却能轻松自在地带着自家狗狗去看烟火秀。不幸的是，当开始燃放烟火的时候，狗狗们便开始逃跑。因被烟火发出的巨大声响惊吓过度，他们的狗狗会朝山里跑，这些人便马上向我寻求帮助。为防万一，我从不建议大家带着狗狗去看烟火秀。如果您或您的邻居要在车道或院子里放烟火，请把您的爱犬留在室内。如果烟火太响，您的狗狗或猫咪在室内也能听得清清楚楚，我建议您关上百叶窗、打开电视机或收音机，以此来弱化外面的噪声。我也追求快乐至上，很享受城市或乡村烟火表演带来的视觉盛宴之美。但是，尽管我们可能喜欢这类表演，但对我们的宠物而言，比起跟我们一起庆祝节日，待在自己舒适的家中更为安全。

暴风雨：对狗狗或猫咪而言，雷暴雨可能是令其最不淡定的经历之一。一道明亮刺眼的闪电，伴随着那一声震耳欲聋的雷声，把多少狗狗和猫咪吓到床底下或壁橱里躲着。宝宝、伍迪和尼希，它们仨都在我最早养的四条狗狗之列。虽然雷暴雨开始时，它们会紧张得浑身颤抖，但是现在它们对雷暴雨一点儿都不发怵。我就是跟它们提前沟通好，告诉它们可能会有暴风雨，但一切都没问题。如果在外面突遇暴风雨，它们会迅速回到室内，逃离那糟糕的天气，睡上一觉或玩上一会儿，直到暴风雨过去。

针对烟火、暴风雨或其他干扰性声音，安抚宠物的几点建议

提前给予它们警示：无论何时，尽可能让您的宠物们知道即将有一阵巨响。如果您知道某朋友要过来并且会按门铃，或者7月4日的烟火秀定于下午九点开幕，或者您上班期间会有一场雷暴雨来袭，那么请详细告诉它们该有何预期、预计何时发生以及该如何应对。当您与其交流时，请记住使用恰当的意象图来强化所讲的内容。

保持镇静：确保您保持镇静，不要对即将来临的雷暴雨或其他巨响表现出任何的焦虑。您的宠物们会感知到您的平静状态，作为回馈，它们也会保持镇静。

提供背景音：当预测到暴风雨要来或烟火秀要上演时，我们通常会播放轻音乐作为背景音。开落地扇或台扇也有助于为室内增添一些白噪音 。

给它们一片安全地带：当雷暴雨滚滚而来时，客户给我打电话寻求建议。我告诉他们为其宠物搭建一处安全地带。这片安全地带可以是任何地方，只要使狗狗或猫咪感到舒服、安全即可。无论是在笼子里、床底下、壁橱内、棚底下，还是其他地方，这都不重要。如果宠物觉得安全无忧，那么就让它们待在自己的安全地带安然度过那场暴风雨。

先前不管何时暴风雨来临，我那只波美拉尼亚猫咪尼希总会从沉睡中醒来，跑到室内的墙角处，吓得浑身打战，还经常尿在身下。这是很久之前的事情了，那时我还不知道可以通过心灵感应交流对其进行安抚。不过，当时我给尼希找了一个害怕时可以到访的安全地带——主卧室的床底下，尤其是暴风雨来袭时。当看到闪电或者听到雷声时，我会告诉尼希与我一同到安全地带。它会随我来到主卧室，而我会升高床架并告诉它无须担心。尼希会慢慢爬进床底、放松下来，不再担心暴风雨。

我童年时的玩伴儿是条牧羊犬和科利牧羊犬的混血狗，名字叫作班迪特，它自寻了一处安全地带。班迪特一直待在室外，平易近人且无所畏惧，唯独雷暴雨才会使其烦恼不安，即便我们总告诉它雷暴雨只不过是过来看看它而已。闪电雷鸣还远没来临前，它就会跑到自己的安全地带。在我家户外棚子底下，它挖了一个洞。雷暴雨平息前，它就会钻到洞里待着。等雷暴雨过后，它再钻出来，通常身子比暴露在雷暴雨中更湿、更泥泞。相比于自己安全又干爽的狗窝，它选择待在棚底下（当然，自成年后，我养了更多的狗，但从未让其中任何一条狗待在后院里生活。只可惜，那时我还没长大，并不认为这事儿有什么不妥）。

搭建好安全地带后，我们可以在宠物感到舒适并喜欢到访的地方为其放置笼子或睡房。我们可以在里面为其放上软垫以及毯子让它们睡得更舒适。另外，您还可以选个地方为其放上心爱的玩具。然后，花些时间待在安全地带附近，用肢体跟您的狗狗或猫咪展示此地方有多赞、多特别，让它们知道您是按照它们喜欢的方式打造了这个地方，并且只为它们而造。请给它们一定的时间，让其把里里外外都调查清楚。您希望该安全地带能成为一处让它们感到安全、放松的地方。

在与您的狗狗和猫咪进行交流的同时，把您自身平静的能量传递给它们，您就能克服雷暴雨和其他响声可能招致的任何难题。

第二十一章

笼内训练

我们领养雪纳瑞巴兹和伍迪时，它们已受过所有基础训练，知道“坐”、“趴”、“站住”以及“来”。至于“上厕所”此等事宜，它们也已受过完备训练，很快就能知道室内哪扇门通往大门。甚至就连笼内训练它们都已被实训过，并且还颇为享受待在笼内的感觉。而当时，那是我第一次使用狗笼，在外出的几个小时里把狗狗留在笼内。

我必须说明一下，宠物笼在我们家绝对功勋卓著。不在家时，我们再不用担心狗狗们恶作剧；晚一会儿回家，我们也不必担心它们在地板上酿造“事故”。其实，像大多数狗狗一样，它们不会在自己睡觉的地方随地大小便；即便外出时突然雷暴雨来袭，我们也不必担心它们会因此对门框连抓带挠或嚼烂护壁板。我家的爱犬自觉待在笼内既舒适又安全，它们从未在我们离家后惹出任何麻烦。它们各有各的笼框，我们将其两两并排放置——笼内可供爱犬们伸展的空间很大，并且还为其摆放了舒适的垫子。

离家时，我会单纯地要求它们趴下，这便是我对其下达的通知——要求它们回到自己笼子里趴下。知道我们要出门，只要我们按常规行事，它们从不介意并乖乖地回到自己的笼子，等待一顿因其出色表现而受到的特殊款待。然后，我们会拍拍每条狗狗，告诉它们我们要去哪里、何时回来以及我们不在时需要它们做什么。通常，我们为其布置的任务很简单：多睡一会儿。我们要确保它们明白我们要出门几个小时，并且向它们传送一张抽象的表盘图像，通过时钟转动向其展示我们相应离开的小时数（就如第十一章描述的那样）。这招儿会让它们的精神得到放松，使其一觉睡到我们回来。一天中，我们让其一次性待在笼内的时间绝不会超过四个小时。如果知道在外会待更久，我们会让宠物看护人员过来，带它们出去散步、上厕所。

我家是多层楼房，所有人都在楼上夜眠，所以我们决定另买一套跟楼上数量相同的笼子，将其放到底层作为它们的次卧。随着巴兹和伍迪年纪越来越大，拥有另一套笼子对我们、对它俩都有好处，它俩不能再跑上跑下回主卧休息了。现在，白天它们就待在次卧的笼子里休息，晚上我们再把它们抱回楼上的主卧。每晚睡前，我们会依惯例行事，就像外出前一样，要求它们趴下、喂它们好吃的、关爱它们、告诉它们该何时起床，并通过抽象化表盘上时针的变化表明我们睡眠时间长短所对应的小时数。这样一来，它们就会一气不吭地睡上一整夜，仅当我们睡过头或身体不适时才会叫醒我们。反正每天都是例行这套，我们再无须使用闹钟了。

和狗狗们一起旅行时，我们也是按照惯例来。首先把狗笼子搬到我家的 SUV 后备厢里，然后抱起巴兹和伍迪将其放进各自的笼子里。此时，我会要求它们趴下并为其特别准备一些吃的，拍拍它们的头，跟它们解释我们要去哪里，要待几天，并为其布置路上要做的事情。通常，我们大概会这样解释：“我们要驾车去外婆家住上三天，车程大概五个小时。行驶一半时，我们会在你们最喜欢的公园停一次。我希望你们趴下、一觉睡到那个公园，然后再一觉睡到外婆家。” 此外，我们会确保用抽象化的表盘上时针的变化来表明到达公园和外婆家分别对应的小时数。这招儿就像为巴兹和伍迪定了闹钟一样，它们会睡完全程。

将宠物笼打造成舒适自在之所

很多样式的笼子都可用于家中和旅途中。有的是金属丝或帆布材质的，可折叠、易存放，能被轻易地安置在家里家外不同的地方，或者被放到车上。有的则是用结实的塑料制成，必要之时便于运输，也易于清扫。我建议大家多尝试几种不同的笼子，看看您的狗狗住在哪种笼子里更舒服、哪种笼子与您的房子更相称且更能满足旅行之需。

我们总会在笼子底面铺上一层厚厚的狗狗特制型回弹泡沫垫，使其与笼子底部大小吻合，在垫子表层还要铺一条沙滩毛巾，另外卷上一条给狗狗当枕头。这有助于它们久睡之时更加舒服自在，而我们也能轻松简单地每隔几天清理或更换毛巾。最后，我们会在笼内放上它们最爱的长毛绒狗玩具，为其增添一份安全感。如果您的爱犬尚幼或者喜欢破坏玩具，那么我建议您跳过此环节。我想您不会冒险，让您的狗狗趁您不在之时将玩具破坏。

对于那些不习惯待在笼内或者待在笼子里出过问题的狗狗，我也有以下几点建议：

遮盖：在笼子外面盖上一块儿大毛巾，不要将笼子的前后两面遮住，让空气可以正常循环流通，给狗狗营造一个更安全的环境。这样会给狗狗一种私密感，它们会颇为享受此安排。

落地扇或台扇：在笼子附近放一台落地扇或台扇，使风扇朝向笼子吹或使风扇在低档位上摆头吹向笼子。风扇会帮助您的狗狗保持凉爽、产生白色噪声以驱散屋外传来的一切噪声。

收音机：打开收音机或音响，为您的狗狗营造一份背景音乐。用一周时间收听多种音乐广播电台，通过您爱犬的反应辨识出它所喜欢的音乐类型。要避免脱口秀节目或含有大量新闻或商业信息的节目，因为您的狗狗可能会错以为电台里的声音是家里或家外有人在讲话。这里请大家注意，我不建议大家老开着电视机，因为这可能会给您的狗狗带来太多视觉冲击。

冷冻的花生酱：买一个超厚、耐用且一端被打开的橡胶狗玩具，比如一个 Kong，将其装上有机、不加糖的奶油花生酱，然后把它放进冰箱里冷冻一夜。当您准备出门时，把冷冻后的花生酱放进狗笼里。这样您出门在外的时候，狗狗们既有营养的零食吃，也会为此高兴上几个小时。

对狗狗进行笼内训练的几点建议

将狗笼拿出来时，请您务必确保它总被放在醒目且触手可及的地方；把狗笼当成一件家具，这样您的狗狗无论何时看到或使用时都会感到舒心——您也不希望笼子被当成惩罚狗狗的地方，不要只有带狗狗去看兽医或到动物寄宿处的时候，才让狗笼子得见天日。

尽管我家雪纳瑞巴兹和伍迪在被我们领养时已然接受过笼内训练，知道晚上要睡在笼子里，但达斯特来我家时只有八周大小，很容易理解，还没人教它睡在笼内。所以，自打与我们一块儿生活的第一夜起，它就在我们床上两个枕头间的小笼子里睡的。对于小狗狗而言，最好在带它们回家的第一个晚上便对其进行笼内训练。

至于那些小时候没受过笼内训练的狗狗，让其开始接触笼子的时候，不要着急。就像刚接触任何一件家具一样，事先让它们查看一下该笼子。接着，将其放进笼里待上几分钟并跟它们说说话。然后，关上笼子，在笼子里喂它们吃的。最后，打开笼子，放它们出来并为其出色的表现予以表扬。

如果您正训练狗狗在笼内睡觉或者白天在您离家的几个小时内乖乖待在笼子里，请慢慢增加其待在笼内的时间。首先，让您的狗狗当着您的面在笼里仅待上几分钟。等您转移到屋外等待、离开其视线时，将时间拉长到十分钟。在您离场的情况下，一旦它能舒服地待在笼内，那么请将其放进笼内、离开屋子、在屋外等上十五分钟。根据您不在场时您家狗狗每次对笼内渐增时间的反应程度，循序渐进地启动车辆并开车载它们围着街道转上几次。下一步，开车一小时载它们去商店或者其他地方。再下一步，早上您上班时，把它们留在笼子里，午饭时回家看一下，放它们出来上个厕所。

任何时候，如果您的狗狗在入笼前看上去很焦虑或害怕，那就返回到狗狗已适应的上一步。您不在的时候，可以一次把它们留在笼子里几个小时，慢慢地达到终极目标。在整个过程中，让您的狗狗按照自己舒服的节奏来，这一点很重要。于此，请将其看作对你们双方都有积极意义的一次经历，并坚信一切都会好起来的。

针对猫咪的笼内训练

对于猫咪们，我建议使用相似的方法。您也许不会选择出门或旅行时把猫咪留在笼内，但如果您想，那就没有不行的理由。可能在某些情况下，您真希望这样做。比如说，您家里有好几只猫咪，在没人监督时，它们对事情的看法并非总保持一致；再比如说，您家里可能只有一只猫咪，但它身体不适，需要一些独处的时间来恢复身体。对这只猫咪来说，待在笼子里远离其他猫咪，也许是件好事儿——那里便是它的安全天堂，它可以在此休息，静静地待着，比起把您的猫咪关在屋里，这个主意更好一些。通常来说，如果猫咪们在房间里能够听清外面的动静却无法亲眼观看时，它们就会变得焦虑起来，这样会为其带来更多不该有的压力。

还是那句话，我依然建议把猫咪的笼子看作一件普通的家具。您也想让猫咪觉得可以随心所欲地使用自己的笼子。如果猫笼被藏到壁橱里，仅当您的猫咪不悦时才被拿出来，那么您每次从壁橱里把猫笼拿出来时，它们就会找地方藏起来。此外，请在任何时候都要将猫笼打造成充满乐趣又安全的地方。

带猫咪去度假、逛商店或围着街区来回转，您都无须为此担心。这样它们才不会将猫笼和不喜欢的事情联系到一起——即便是毫无缘由地带它们去看兽医或上美容院。当猫咪待在笼内时，请兽医或美容院的工作人员轻拍它们、给予它们一些爱护关怀以及小食品，然后关门上锁、带它们回家。这样会强化您家猫咪的意识，使其认为猫笼是一个好地方。

我完全相信，只要训练方法得当，让狗狗和猫咪待在笼内是很自然的事情。当您不在家时，当所有人都在睡觉时，或者当家里太吵太闹时，这便是供其安身的神殿。我认识一些人，他们觉得出门时将爱宠锁在笼内是很残忍的行为，希望它们可以自由使用这个家。毕竟，这也是宠物们的家。而我认识的其他人呢，觉得太麻烦，不愿对自己的狗狗和猫咪进行得当的笼内训练，或者不喜欢把笼子一直放在外面。据我的经验来看，他们正在错失良机。无论您在家还是去旅行，笼子都会为您的狗狗和猫咪营造一个安全的环境，本应被大家都视为一处充满正能量的好地方。

第二十二章

愉快外出

带爱宠出门去厕所、散步，或者绕城兜风，又或者仅仅出门待上一会儿，对我们和爱宠而言都该是件很享受的事情。我有几个朋友喜欢自驾高尔夫，载着拴着项圈或待在小猫篮里的猫咪在家附近转悠，或带它们去沙滩晒太阳，呼吸下新鲜的空气。亲近大自然并将自己置身其中，对我们以及爱宠而言，自然都意义重大。但有时候，甩给我们

的核心问题就是得大费周章地来回折腾，才能将其带出去。一旦出了门， 狗狗和猫咪又会深陷于周边的种种分心事及当前发生的事情而无法自拔，一件本该愉快的事情便充满压力，变成了一种煎熬。

一些狗主人常跟我讲，在没彻底准备好带爱犬出门前，他们会把项圈藏在抽屉里或门后面。如果狗狗太快看见其项圈被主人从抽屉或者门后拿出来的话，它们就会变得异常兴奋：在大家准备妥当前，有的狗会朝着门猛扑猛抓，力图把门打开，而其他的狗狗则会在屋子里上蹿下跳、大吼大叫，直到看见主人开门为止。一旦房门大开，不管戴没戴项圈，它们都会像刚逃出监狱的受害者或者暑期前一天离校时兴奋的小朋友那样跑出去。其实，跟我们一样，狗狗们也对此感到兴奋。

有些客户家里篱笆院子很大，可供狗狗和猫咪在此玩耍。比起那些没有足够空间让其充分活动的小院子，这无疑很棒。然而他们却告诉我：即便家里有这么大的院落，宠物们单独在此时还是会很快对其产生厌倦。如此一来，他们的宠物就在里面制造各种麻烦，比如刨土、爬篱笆、哐啷哐啷地敲门、捕捉到访的各种野生小动物（第二十四章会有更多的讲述）等。所以，人们最终还是得时刻监视着自己的爱宠或总要担心它们又惹出什么乱子来。于是，对所有参与者而言，户外活动就变成了一种负担。

类似的事情也同样发生在猫咪的身上。客户曾因其猫咪急于出门而备感焦虑，于是与我取得联系。有些猫咪会蹲在后门、用近乎哭泣般的语气和表情喵喵叫，直到它们最终被放出去。这有时发生在上午的前几个小时内。一位客户曾跟我说，除非大门最终为其打开，她的猫咪会跳上通往后走廊的那扇纱门，然后一直挂在纱网上。

对于那些生活在大都市里的人，轻易放爱犬出去自然是行不通的。除了在家附近遛遛狗，他们并没有其他选择。通常，这些宠物主要掌握楼梯、电梯以及楼内各位邻居的情况。一旦到了户外，他们必须操控整个局面——周围的人群、汽车、自行车以及大都市里惯有的各种噪声。有人曾告诉我，他们会想尽办法避免带狗狗外出散步或游玩，因为此种经历对他们及爱犬而言都太压抑了。我还曾听说，有人在自家阳台上为小狗种上草坪或铺上人工草坪。当爱犬们需要上厕所或出门呼吸新鲜空气时，他们就打开阳台门放它们出去。此外，还有人告诉我，当他们的狗狗实在不愿意出门时，他们就在车库、仓库或者浴室内为其铺设尿垫。

在这些情况下，为了减轻宠物与我们一起外出时的压力，我始终建议大家按照以下几个步骤来做：

准备工作：带狗狗出门前，确保做好相应的准备工作。定期检查它们的皮带和项圈，确保其完好无损，铭牌、皮带扣和锁扣插销都安全可靠。如果要牵着狗狗出门，保证其绳索在您触手可及的范围内。至于绳索，请将其一直放在外面以便您的狗狗能够看到它，千万不要藏在抽屉里或门后面。比起您把皮带藏起来、只在出门前拿出来，您的狗狗对放在外面的绳索习以为常后才会对其更加淡然。如果外面冷，请出门前为其穿上外衣、戴上脚套。如果条件允许，请透过窗子瞅瞅外面，观察一下是否会遇上邻居、工人或其他动物。为确保您的猫咪不会出现意外，请让它们也观察一下外面的情况。

交流：口头上跟您的狗狗和猫咪交流将要发生什么事情、 出门时需要它们怎样做以及为什么这样做会使大家都愉快。出门前，请与它们沟通好以上这些信息。它们有知情权，需要明确这次出行是短暂的，还是可供其长时间玩耍、休闲以及探索；需要清楚您希望它们不要惹麻烦、保证自身安全。如果这次出行很可能会遇到其他人或动物，请将此情况告知它们并且让其明白不要为此而紧张不安。这样一来，宠物们会知悉将要发生的事情及其应对方法，您也能更加放心地放它们出去或带它们一起出门。

放松：一旦做好出门前的准备，包括您自身和宠物，就可以放空身体里积攒的所有担心、害怕或负能量。深呼吸、保持镇静，然后打开门，拥抱外面的大千世界。

如果可能的话，每次在外出的时候，请您花点时间和它们待一会儿，而不是简单地打开门，放它们出去自行在院子里探索发现。出门前第一时间帮它们专注于出门的目的，不管是快速带它们出来上厕所，还是让它们陪着您做园艺。因为一旦到了外面，您再口头上跟它们讲一遍为什么带它们出来就不起作用了，它们只会专注于目前所做的事情。此外，请您利用好这段时间重新接触大自然、这个世界以及您的狗狗和猫咪。

对于您和家里的爱犬爱喵而言，外出应是一件乐事，请尽情探索和享受神奇的户外所带给大家的一切美好。请牢记：深呼吸、放轻松，然后尽情享乐。

FOOD

第二十三章

牵着宠物遛弯儿

每天下午，我们会在家附近众多公园里择选一处带狗狗去遛弯儿，并发现这日常的公园散步能刺激爱犬的身心，有利于其身体健康。实际上，遛弯儿对我们的身心也同样有好处。在此，我们得以拥有大把的机会沐浴阳光、呼吸新鲜空气以及锻炼身体。此外，散步期间，我们与狗狗共度的那段黄金时光也足以使我们忘却工作中的烦恼和生活

中的其他挑战。

我喜欢混搭风，一天换一个公园。虽然狗狗一直都知道我准备去公园，只是不靠近，它们并不知道哪一处公园已被选中。这招儿还真有助于激发、亢奋其精神。在众多的公园中，我对离家最近的这处公园情有独钟。因为特别近，我去那儿很方便；避免了驱车长途奔波，我可以有更多的时间探索公园的真实面貌。而且相比于其他公园，此处通常没那么火爆、更为闲适。公园里有一些精心铺设的人行小道，有一块用来探索的开阔场地，有一片覆盖着沙子和植被的操场、两处单独圈起来的狗狗乐园和一条临近小溪且蜿蜒在林木中的幽径，我曾看见人们带着大型犬在水湾里玩闹和游泳。就是这个公园，带给我们无尽的机会，让我们尽情地锻炼和感受大自然。

在公园里，我确保一直用绳索牵着狗狗。首先，为狗狗佩戴绳索是我们郡县的法规，那些为狗狗专设的地方除外。第二，您永远不知道何时会遇上对您或您家爱犬并不来电的其他人或狗狗，有些狗狗就没那么善于社交。第三，您也不会知道何时何物会分散您家狗狗的注意力并导致其突然跑开。而这个公园尤其以居住在此及其周边丛林里的小鹿而出名。幸运的时候，我们还会看见小鹿在开阔的草地上吃草。而狗狗很乐意追赶小鹿，随后才发现自己迷了路或遇上了麻烦。在某公园或某条徒步路径上散步时，狗狗没拴绳索而即兴跑去追松鼠、兔子、花栗鼠或鹿，这也是众多客户联系我的原因。不管是哪个案例，客户都跟我讲他们的狗狗以前从未有过这样的行为。

有一天，和狗狗在公园里散完步，我们准备回车里。当走近停车场时，我发现一辆红色的越野车正泊入某个车位。那辆越野车刚停好，一位身穿运动服的女士走下车，便开始朝着我所在的方向跑来，目标是前方的一条原生态小路。她暂停了一会儿，转头朝她的越野车大声喊了一声“伯尼”。突然间，一条体型巨大的黄色拉布拉多猎犬映入我的眼帘，并开始朝其主人奔来。这条拉布拉多猎犬戴着项圈，却没有拴绳索。一看见我们，它便把主人的呼叫当成了耳旁风——变换行进路线，直接奔我们过来了。那位女士笑着跟我们喊道：“不用担心，它很友好！”我马上做出回复：“可我家狗狗并非如此！”瞬间，她的笑意全无，赶紧跑过去抓住拉布拉多猎犬的项圈。然后，她拽着爱犬走开，直到彼此保持安全距离为止。

虽说我家的爱犬对人或其他狗狗都不凶，但遇到其他狗狗，也会感到不那么自在。我们家那条小型雪纳瑞达斯特只有九磅重。如若任何一条它不熟悉且比它大很多的狗狗对其有某种错误举动，不管是不是与其闹着玩，都会给它带来真正的伤害。与此同时，我家那条迷你雪纳瑞克莱默尚在学习如何与其他的狗狗愉快地玩耍。我们领养克莱默时，它不习惯被拴着绳索到处散步；在我们开始带其每天去逛公园前，它从未踏进过公园半步。很明显，在我们领养前，克莱默从未暴露在众多狗狗的环境中。它对达斯特极度绅士，但对其他狗狗却时常难辨友善。因为克莱默自荐为达斯特的守护者，所以它会站在达斯特和近前来的狗狗之间，朝着它汪汪大叫，直到那条狗狗从我们身边走远。当然，我们就此会继续做克莱默的工作，提醒它：虽然在陌生狗狗面前想要保护达斯特，我们对其心意表示欣赏和感激，但那是我们的职责，它只要愉快地散步就好。在此，为狗狗们引见其他狗狗时，请一定要循序渐进并在可控方式下进行。

所以，我建议大家不要仅因您相信自己的狗狗很友善就认为所有的狗狗都很友善。此外，在公共场所，用绳索拴着您的狗狗不仅可以确保它们自身的安全，还能保证其可能遇到的其他狗狗和人的安全。如果不想拴住它们，那就请您带它去专为它们而设的安全区域。但也请记住，尽管在那些安全的地方，狗还是狗，本性难移——有时和其他狗狗玩着闹着就会凶暴起来，无意的伤害可能就此而生。另外，尽管您的爱犬可能很听您的话，但您无法预料靠近您或您家爱犬的其他狗狗的行为。最后，如果您家狗狗重二十磅或者和我家狗狗那样还不及二十磅的话，在外面遛弯儿时用绳索拴着它们能够遏制那些大型食肉鸟。众所周知，这种鸟能极快地俯冲下来并抓走这种小个头的狗狗。所以，在做决定是否要为狗狗解开绳索时，即便是在自家后院或者法律允许这样做的情况下，也请务必做出最佳判断。

如果您发现爱犬出现了想要挣脱绳索的迹象，首先要保持镇静。您要试着先于狗狗辨识出那些潜在的令其躁动的可能因素。这样，您就有机会调整散步的路径或方向，或者可以做好迎接那些麻烦因素的心理准备。无论哪种情况，请您继续保持平和与乐观。口头上跟您的狗狗进行交流，告诉它们您也看到其他人或动物，但这并无害于大家。此外，借助于食品、玩具或者能让其专注于此的东西，使它们的注意力不再放到所遇之人或动物身上。狗狗将情报通报于您，让您知悉它们看见了某人或某动物，您要表扬其行为，并让其知道在这件事情的处理上它们做得很好。

针对牵着狗狗遛弯儿的几点小建议

如果您的狗狗刚佩戴着绳索散步或者试图在街上拖拽，我建议您按以下步骤来做：

培养习惯：狗狗初次佩戴绳索前，把绳索丢给爱犬，让它搞明白绳索的外观和气味；将绳索放在外面，这样它就能时常看见并对其习以为常；您待在室内时，为您的狗狗佩戴绳索。为了使其适应挂在其项圈上的绳索，让您的狗狗白天拖着绳索到处溜达。一旦完成了这步，您就可以试着抓起绳索，在室内溜一下爱犬。然后，慢慢地用绳索牵着它走到您家门廊或后院遛弯儿。执行每一步时，请您表扬其出色表现，同时不要忘记奖励它们一块或两块食物。

防止拖拽：如果在散步的过程中，您的狗狗想要挣脱绳索，或者在训练小狗跟您优雅地出去散步时，尽量避免伤害其喉咙。这时候您可能会想把安全带和绳索结合起来使用，而非仅仅把绳索扣到它们的项圈上。跟其他走路爱拽人的狗的主人交谈时，他们都对 Gentle Leader 牌魔力项圈做出了高度评价，尽管我家狗狗从未用过。胸部安全带也很简单有效，易于被那些刚开始接触绳索训练的狗狗所接受。至于我们家那两条雪纳瑞——达斯特和克莱默，它俩出门时，我会为其配备两件套——一个 Martingale 狗狗项圈和一条皮革绳索。跟那些窒息型、勒紧型或休克型项圈不同，这种 Martingale 狗狗项圈可以更安全地控制您的狗狗。而前几种项圈已被证实，无论使用是否恰当，它们都会给狗狗的身心造成伤害。

交流和想象：带狗狗在家附近或去公园散步前，言语上先与其交流一番并为其展现场景设想，让它知道散步时会遇到什么情况、它需要怎么做以及为什么这样做对大家都好。然后，在脑海中想象一下你们将要行进的路径、散步时大家那种平和的心态以及狗狗随您而行时的行为表现；想象着爱犬既不往前拖您，也不会往回拽您；想象着它散步时那注意力集中、毫不分神的样子。

保持放松和自信：出行前，请深呼吸、放松您的身体。想象着氧气流向身体的各个部分，将您所有的疑虑、担心或恐惧一并驱散。牵着您的狗狗沿着人行道的内侧行走，远离车道。这样有利于降低过往车辆制造的噪声，防止爱犬跑进街道里。继续放松前行，这时您可以稍微松一下绳索，一旦您的狗狗出现拖拽行为，立马停下来让它站住或蹲下。待其行为恢复正常后，再继续行进前，请再为其松一下绳索。

如果您的狗狗表现得很好，请务必让其知悉该情况并对其进行全程表扬。让它知悉预期状况对散步而言一直都颇有良效。如若看见有人向你们走来，或者另外一条狗狗也在您这个片区溜达，您就要尽早预防意外发生，但请不要为此紧张；相反请您记得深呼吸、放轻松并相信这一切都没问题，然后按原计划前行。和您的狗狗进行沟通，让其知道目前的情况、需要它怎样做以及为什么这样做。在此过程中，跟它讲一些类似“是的，我看见某人带着狗狗正朝我们走来，但我希望你乖乖表现、保持安静，我们便能继续往前走。如此一来，我开心，你也能愉快地溜达”的话。言语与其交流的同时，请设想一下积极的结果，这会帮助您和爱犬都放松下来。然而，如果发现过来的狗狗并未受其主人的严格管控，或者其行为表现让您或您家狗狗感到不舒服，您可以贴马路的另一侧行走。只要有人或狗狗顺利地从您身边经过，请您一定要对爱犬的良好表现予以表扬。

牵着猫咪遛弯儿

您可能会想“牵着自己的猫咪去遛弯儿，真的可行吗？这方法不是仅适用于狗狗吗”。好吧，让我来告诉您：用皮绳牵着猫咪遛弯儿对您、对您的猫咪都有好处。

我的朋友莎利常常带着她的猫咪出门遛弯儿，也容许它们和她一起驾着高尔夫汽车去兜风。莎利有一个特别的猫咪背带，背带上有一条又短又细的链绳。出门前，她就将其给猫咪套上。她牵着猫咪围着院子、邻居溜达，有时候还会带它们去当地的沙滩散步。她家的猫咪年纪都有点儿大，用绳牵着它们遛弯儿易于莎莉掌控其一举一动。为猫咪佩戴好背带和链绳时，它们并未反感。莎莉告诉我，她的猫咪从来没有因为要出门遛弯儿而表现出任何的焦虑，只要遛弯儿的时间不太长，它们看上去反倒还很享受外出的时光——毕竟她们生活在佛罗里达州，那里天气相当热。她还说，自己和猫咪外出遛弯儿时，时常有人过来跟她聊上几句。大多数人会面带微笑并跟她讲：看到戴着链绳的猫咪在外遛弯儿，他们觉得这事儿挺逗趣的。我敢肯定，这些人已经迫不及待地回家并将其所见的如此不寻常的一幕告诉他的家人。

对于大家的喵咪，我建议您们先从室内做起，在屋里的时候便为其佩戴上背带和链绳。最初的几天里，每天都要使其坚持佩戴几分钟。如果您的猫咪表现不错，随后就可以把时间逐渐增加到几个小时。如果家里有密闭的走廊或露天平台，您也可以牵着猫咪去那里溜达。这样可以使它们待在安全的环境中聆听外面的喧嚣。您第一次牵着猫咪出门时，请一定带它去那些相对安静的地方并保证周围很少有人或其他动物出没。给自己和您的猫咪充分的时间去适应，等你们都自信满满时再去那些人来人往、车来车往以及邻家狗狗随意出没的地方。有时候，对一只由主人牵着沿街散步的猫咪而言，它还是很难招架大量的户外活动。

对大家来说，牵着自家狗狗和猫咪去遛弯儿都应该是件有趣的事情。它能够极大地提升您和爱宠的身心健康，与此同时，还会为您提供与其打成一片的好机会。在此，我鼓励大家轻松自然地牵着您的狗狗和猫咪去遛弯儿。即便您家里有很大的篱笆院，带着爱宠出门去散步依然意义重大，因为外出遛弯儿使每个人都有机会接触到外界，参加各种社会活动，实地考察各地方以及遇到新朋友。

UPS!

第二十四章

院子里的狗狗和猫咪

家里有大的院落，狗狗和猫咪可在此自由玩耍，这自然是最理想的状态。尽管某一篱笆院儿不该成为您家狗狗或猫咪唯一的户外活动场所（正如第二十三章所提到的那样），但它却会为其撑起一片安全的乐土——在此锻炼身体、拥抱大自然，这有益于其身心健康。

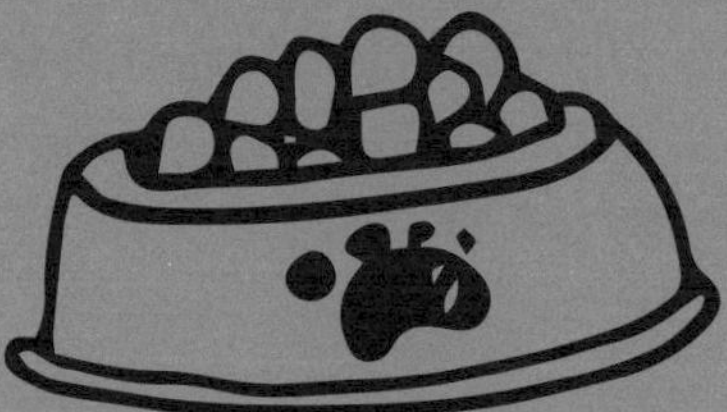

如果您家刚好有此院落，那您实在是太幸运了，请一定要好好利用它！此地可是您与家里狗狗和猫咪共享高质量时光的极好去处。接下来，针对宠物在院子里要开展的活动，我给大家提出以下几点建议：

·与它们言语沟通并运用场景设想法；

·与它们玩穿越（跳跃）、捡东西或健身游戏；

·把家里的玩具拿出来、藏到院子的某个角落里，让您的宠物去搜查；

·把食物放到走廊扶手或篱笆柱周围，让您的宠物去追踪。利用其敏锐的嗅觉去探索“新大陆”，此法乐趣多多；

·舒服地躺在椅子上，和宠物共享静谧、放松的时光。取一本好书来读或者就简单安静地待着，说不准您要读的正是此书。

密切注视院子里的狗狗和猫咪

对您的狗狗和猫咪而言，一处篱笆院儿简直就是它们的天堂：在此，它们可以安全地肆意玩耍或简单地与您待在一起。然而，这并不意味着您就可以长时间或整天将其单独留在院子里，此种状况下可能会发生许多意外。那些长时间在后院独处的狗狗可能会滋生一种过度保护心理，死死地护着后院。这样就会产生诸多问题，比如隔着篱笆跟其他狗狗打架，或朝着邻家院落里的邻居或那些仅仅路过进入其视线的人狂吠不止。

不仅如此，如果我们不监督它们、也不陪它们玩儿，狗狗和猫咪就会无聊起来并开始捣乱。打个比方，它们可能会被那些进到院里或待在院子附近的其他动物分神并试图去追赶或伤害它们。

我还知道狗狗或猫咪在院内被偷走的案例。举个例子，我的客户克里斯汀家的狗狗就是在后院短短几分钟内被偷走的。她把狗狗放在后院里，自己回屋拿些玩具出来给它玩。等她回来时，她的狗狗已经不见了。很明显，有人已经对她家进行了侦察，正等待一个完美的时机把她家狗狗偷走。所以，当您的宠物待在院子里时，请一定要时不时地看看它们，或者采用更好的方案，在院子里陪着它们。

保证院子安全

为了保证院落的安全，一圈围栏自不该少，这样其他狗狗就无法潜入。而栅栏一定要牢固结实，使狗狗无法将其弄弯或突破重围跑出去；围栏上要加一道安全门，一道即便狗狗扑跳上去也推不开的安全门。我已记不清有多少次，客户因其爱犬从篱笆院成功出逃而联系我。发生这样的事情通常是因为客人打开门时不小心把狗狗放了出去，或者他们忘记了关门上锁。可以肯定的是，狗狗一旦被放开，它们会飞快地冲向开着的院门并成功出逃。出门后，有些狗狗仅在家周围溜达溜达便会回家，有的狗狗会消失好几天，而另外一些狗狗则再也没有回来。其中，最坏的情况就是狗狗冲到马路上被过往的车辆撞死。

布伦达联系到我，跟我讲她家狗狗卢卡斯越过家里六尺高的木栅栏跑走了。栅栏这么高，卢卡斯都能成功逃出去，布伦达自己都觉得太不可思议了。但她却没有意识到栅栏上有块木板已破了一个大洞，让卢卡斯有机可乘、逃了出去。她家栅栏后面是一片树林，小鹿经常在此出没。卢卡斯总为此兴奋不已，在栅栏内侧底线那儿跳上跳下，还时常试图爬上栅栏。刚好这时，它发现了这一完美出逃的契机。多亏一位邻居认出了卢卡斯，将其逮住并送回了家。

另一个叫珊迪的客户，她家养了几只年纪较大的野猫。工作期间，她就将猫咪留在篱笆后院里。晚上一回家，她就会去看看它们。通常，猫咪会躺在一块露天平台上，或待在后院中心为其特殊搭建的树屋里。这么多年来，一直也没出过什么岔子。但某一天，珊迪回家后发现，其中一只猫咪受了重伤，需要马上送到兽医院。起先，她认为这伤是受另一只猫咪攻击所致，但她却发现地上有一撮可疑的橘色猫毛——她家的猫咪都是黑色或灰色的，根本没有掺杂任何的橘色毛。最后，她才弄明白，一只未绝育的流浪猫才是罪魁祸首。尽管她家猫咪无法翻越高高的后院安全栅栏，但无法阻挡住这只流浪猫的闯入。

和宠物们一起待在院里时，请您时不时地对院落进行一番检查和修葺。检修时要注意以下几点：首先，查看围栏区，确保其处于安全状态；查看栅栏门，确保其功能尚佳；查看木质或金属栅栏板，确保没有出现松动或漏洞；查看整圈篱笆墙，确保墙底没被挖洞。然后，沿着猫咪喜欢待的后露台走一圈，确保附近的窗子没有破洞并保证这个区域的安全性。最后，对整个院落进行排查，确保没有散枝、残骸或不受欢迎的叶子落在院子里，因为很多树叶对动物有毒害性。此外，维修工离开后，立刻巡视一周，确保所有的门都已关闭，再把狗狗或猫咪放出来。如果您不立马检查，时间一久，您很容易忘记维修人员曾到访过。

对自家院子、篱笆和资产进行定期检查维护，这样便可避免您的宠物意外出逃，也能防止不速之客闯入院内。

利用好您家后院，为您的狗狗和猫咪营造安全的户外环境，这样您与宠物的关系会更加亲密。

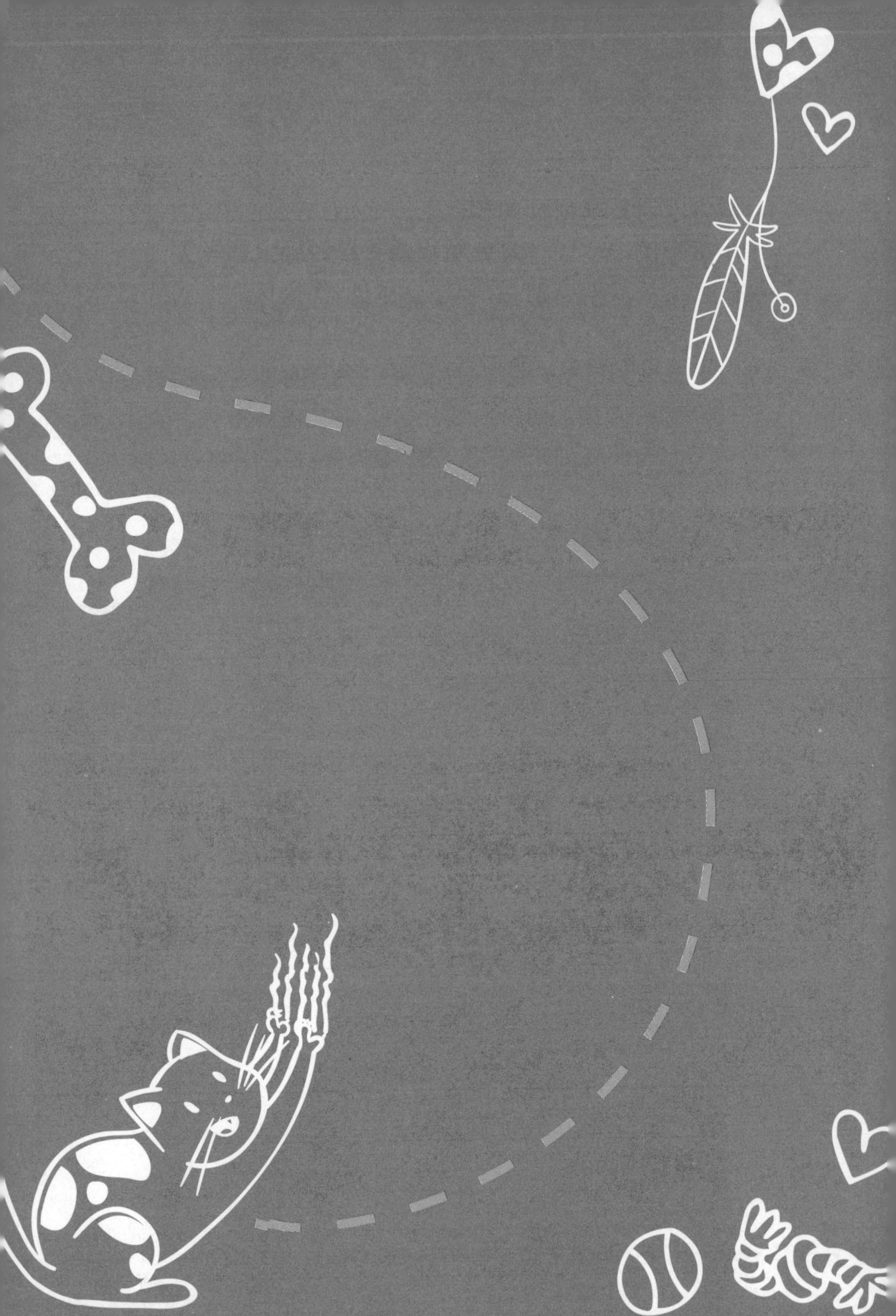

第二十五章

爱挖洞的狗狗和猫咪

狗叼着骨头跑出去、择一安全之地将其掩埋，相信大家对此都有所耳闻。某些品种狗还因老在地上或篱笆下挖洞而“臭名”远扬。像比格犬、巴塞特犬和血猎犬这类猎狗，它们会在栅栏底下挖洞逃跑或捕捉外面的啮齿动物；梗类犬和达克斯犬挖洞是为了抓老鼠和鼹鼠类的地下动物；像哈士奇和圣・伯纳德这类厚毛狗，挖洞则是为了在炎炎夏

日可以躺在里面避暑；甚至一些并不因挖洞而出名的狗狗也可能会在院子里或篱笆下挖洞。

虽说我家那几条雪纳瑞从没在院子里挖洞埋过骨头或树枝，但它们确实喜欢侦察我家屋后南边花园里松鼠、花栗鼠、鼹鼠或是其他野生动物到访时所挖的洞穴。通常，它们喜欢把鼻子伸进洞口，看看是否能闻到点儿气味或者逮住挖洞的小动物。幸好，它们所发现的洞都离篱笆圈较远。要不然，我敢肯定它们会奋力地把洞挖大，然后溜出去。

此外，这帮雪纳瑞还喜欢在室内自己的床铺或毯子上虚拟挖洞。它们会叼着最爱的零食、咀嚼棒或某块食物，跑到最近的狗床或沙发毯那儿，然后在上面疯狂地挖抓，直到将该床铺或毯子翻弄成它们喜欢的样子为止。为了不让我们心烦或避免损坏任何东西，它们会小心翼翼以确保不毁坏其翻腾的物品。接下来，它们会把叼来的东西轻轻地放在绒毛堆中间，再用鼻子来回推床铺或毯子，直到完全将其遮盖好。如果它们发现我们目睹了它们又挖又埋的这个过程，它们就会叼着东西去另一个安全的地方重新开始。

说到家里的猫咪，它们是出了名的爱挖我家屋外周边的花盆。花盆里要是空空如也或仅装满了土壤，这倒没啥事儿。但如果花盆里栽着花草，它们便会想办法挤到植物旁边，使整个身体刚好蜷在花盆里。通常，它们这么做是为了找个大小便的新场所，尤其是盆土很新的时候。因为此时的土壤味道清新，它们颇为喜欢；而土质松散也易于它们挖洞。有时候，妻子金姆忙着往花盆里栽植物，它们就会帮忙压实土壤，这已不是什么新鲜事情了。在这方面，它们真是当之无愧的小园丁。

宠物沙箱

尽管于我们家而言，宠物在户外挖洞根本算不上什么问题，但这些年来还是有许多客户请我给他们想法子遏制其爱犬到处乱挖的问题。其中，有个客户家养了一条杰克·罗素梗，名字叫斯派克，这家伙是个不折不扣的后院篱笆挖手。只要客户从后门将其放出去上厕所或玩耍，它都会径直跑向后篱笆墙那儿，而篱笆最右边的角落是它最喜欢的地方。有时候，在此挖洞是因为它听到篱笆外侧有其他动物，比如鹿、松鼠等，但大多数时候，这纯粹是其本性行为。对它而言，这样做可使其得到内心的宁静，它并不觉得有何问题，也从未挖穿篱笆墙逃出去，只不过是毁坏了草坪、弄脏了爪子而已。所以，我建议这位客户在那个角落里为其放置一个可以用来挖洞的沙箱。为此，客户让丈夫搭建了一个箱子，在里面填上一些孩子们玩耍的沙子，然后将几个斯派克心爱的玩具放进去并用沙子进行部分掩埋，最后带其爱犬过来参观。结果，斯派克瞬间就爱上了这个沙箱并将其选作自己挖洞的最佳去处。

一直以来，沙箱都备受孩子的喜爱。在这个为其特设的安全环境中，孩子可以用其玩具卡车和铲子玩沙子、挖洞以及“藏宝”。既然孩子这么喜欢在沙箱里玩，您的爱犬又怎么会不喜欢呢?

说到您家爱犬的沙箱，您可以用四块尺寸相同的木板为其制作一个。如果不想自己做，您也可以拿一个破旧的大卡车轮胎来充当沙箱（这最适合小狗狗），或者为其直接买一个现成的塑料或树脂沙箱。

放置沙箱时，请一定使其远离篱笆墙根儿。如果爱犬先前已有自己挖洞的最爱去处，那么就请您把沙箱放到该位置上。然后，在沙箱里至少装上半箱沙子、木屑或松土，一定要保证其深度，使其没那么容易被挖穿。为了吸引你家爱犬的注意力并使其觉得沙箱是某种奖励，请在里面半埋一些它心爱的玩具和假骨头供其寻找、重新掩埋。此外，为了保持新鲜感，请定期放一些新玩具和假骨头进去。

与您的狗狗沟通，让其知道如果它想挖坑就该去沙箱那里。与此同时，通过意念告诉爱犬这是它唯一可挖坑的地方，并在脑海里想象出一幅看见它在沙箱里挖坑的场景。这样，您和爱犬就再也不必为挖洞行为而烦恼了，反而变成一种有积极意义的事情。

尽管猫咪不像狗狗那么爱到处挖坑，但您也可以专门打造一处适合它挖坑的地方。您可能想它占地面积稍小一些，这取决于家里喜欢挖坑猫咪的数量。此外，如果猫咪喜欢在已有的花盆里挖坑，那么您可以在露台处、后走廊处或院子里为其增加一两个可生物降解的特大花盆。在里面，猫咪可以挖坑、上厕所，等花盆坏了，您可以随手将其扔掉。请务必与猫咪进行交流，告诉它该特设区域的用途并用意念设想一下它使用此地的场景。

如果您家后院不适合摆放宠物沙箱，或者正在想别的办法来分散爱犬挖坑的注意力，那么您可以与其玩捉迷藏游戏。这个游戏超棒，既能分散其注意力，又能活跃其思维。在允许爱犬进入院子前，请您在院内几个特定位置上放一些它最爱的玩具和食物，比如栅栏柱附近、露台或走廊的前侧下方、树或灌木丛底下，或者院子里任何安全、不会让其陷入麻烦的地方。

每次与其玩捉迷藏游戏时，您可以采用混合模式以保持其新鲜感。不断变换新地方掩藏玩具和食物，还可以更换玩具和食物的种类。在遏制爱犬挖坑这条路上，保持活动的新鲜感和趣味性会助您前行之路越走越宽、越走越远。

第二十六章

赛犬

这些年来，我多次参加美国育犬协会举办的赛事和会议，并在赛会上做了演讲。我总觉得跟漂亮赛犬及其主人聊天是一件令人陶醉的事情。有些俱乐部只接受特定品种的狗狗，而有些俱乐部的狗狗则品种繁多。这些团体对狗狗、狗狗秀、数不清的赛狗秀以及其他相关的事情都充满了激情。为了参加各种赛事和活动，俱乐部会员天天训练

他们的狗狗，常常要带着它们长途奔波。有些人会带着自己的狗狗搭飞机去参加那些城际赛事，但大多数人选择开自己的卡车、厢式货车和房车载它们去，在车里装上所有与狗狗训练和狗狗秀相关的东西。在赛事期间，他们会带着狗狗住汽车旅馆，或者干脆待在指定的秀场，住自己的房车或就地支起帐篷。我个人很向往这种生活方式，这些年来也一直在了解这方面的知识并不断加强学习。

瑞克有一条曾获得全国短跑冠军的边境柯利牧羊犬，名字叫 DJ，他俩在一起已共事多年。在短途抛接比赛中，选手通常要在六十秒的预定时间内，尽可能多地将圆盘抛到距离逐渐加长的既定区域内。而狗狗需要去捡圆盘并按圆盘距离的远近为其计算得分。当狗狗接到半空中飞行的圆盘时，它们就会获得额外加分。在赛程中，每条狗狗只有一枚圆盘可用，关键点在于狗狗捡到圆盘，跑着将其送回到主人手中，然后再返回到捡盘区域，继续接盘。对于瑞克和 DJ 而言，要搁在以前，这从来都不是什么难事儿，但最近却出现了异常。DJ 认为捡圆盘将其交给主是一件很开心的事情，但它却咬着圆盘不松口。它想将其转变成一场拔河游戏。DJ 的这种行为变化使其丢掉了最近的一场比赛冠军。于是，诊断 DJ 突然间行为出现异常的原因以及提出解决方案的任务就落到了我的头上。

跟DJ简要交流了一番后，我发现它已经厌烦了嘴里叼着的圆盘被快速卸下的行为。它依然喜欢继续跑、继续跳、继续捡圆盘，但是有时候强制性地从它嘴里夺走圆盘让它心情不悦。我把该情况告诉了瑞克，他对此表示很吃惊，他从来没有想过DJ会有此想法。多年来，瑞克和DJ日复一日、年复一年做着同样的事情，似乎一切进展得都还不错。为了再次抛掷，他不得不尽快从DJ嘴里取回圆盘。既然时间是短途比赛的制胜因素，那么我们就制定了以下方案，可以确保他俩都心情舒畅的同时，再次赢得比赛：

在脑海中将此计划想象一遍：每次赛前三十分钟，我要求瑞克都静静地坐在DJ身边，并从头到尾虚拟出整个比赛过程。他手握圆盘；漂亮的远抛；DJ完美的跑、跳以及追赶圆盘；DJ捡到圆盘并迅速跑回将其交到瑞克手上；不断地重复此过程。其实，很多出色的运动员也采用这种意念法。在竞赛或者联赛前，他们会通过意念备战比赛，在脑海中设想出自己想要的整个比赛过程。

交流所期待的结果：我要求瑞克口头上与DJ进行沟通交流，让DJ知道赛程中将会发生什么事情、为了赢得比赛DJ需要如何表现以及为何这样对大家都好。当DJ叼着圆盘回到瑞克身边时，我要求他先跟DJ说关键词“放松”。比起生硬地从DJ嘴里夺走圆盘，我建议瑞克摊开手掌，让DJ将圆盘轻轻放到自己手上。我跟瑞克一再重申，这不仅不会耽误赛程时间，反而会使DJ放下圆盘后更奋力往前。

保持自信：我告诉瑞克，他必须要有信心，相信这招儿一定有效果。如果他质疑或有所担心的话，计划就会失败。但倘若他能按计划行事并对其抱有信心，那么我认为他们一定会取得成功。

过了几个月，瑞克又联系到我，将结果告知了我。他们严格按照计划执行，并且对成功充满信心。自然，DJ再一次登上了全国冠军的宝座。

此外，还有很多跟我做过相关咨询的其他客户也把这种方法运用到自己的参赛狗狗身上。另一个客户家的狗狗在当地和地区性的狗狗秀中总是有不错的表现，但是很少能在所参赛的项目中胜出。在正式狗狗秀中，裁判们会根据自己所认为的某品种狗狗的理想标准——衣着、特点、态度和整体外观，以及它们与驯犬者间的互动来比较和评定狗狗的表现。有时候，驯养员是狗狗的主人，但通常会是专门从事狗狗秀的专业人士。我的客户苏珊总是亲自训导她的狗狗。她家的狗狗叫贝利，是一只惠比特犬。它一路绿灯，成功在即，却败在了尾巴展示上。每次贝利入场时，它并没有像比赛要求的那样骄傲地展示自己的尾巴，而是将其蜷缩起来。于是，每次都为此而扣分，每次都离胜出只差那么一点点。

为此我与贝利进行了简短的交流，我才发现它并不知道比赛中应该一直翘着尾巴。在家里的时候，轻松地垂放着尾巴，这对它来说再自然不过了，于是它想比赛的时候也应该如此。而并不是苏珊所认为的它是上场时出于害怕而放低了自己的尾巴。终究，只是因为没人告诉它比赛时竖起尾巴的重要性。

我把贝利跟我分享的信息告诉了苏珊，她大笑起来。非常确定的是，她从来没有告诉贝利参赛的时候该如何展示其尾巴。所以，苏珊开始通过意念想象整个计划、跟贝利交流需要它如何表现，还特别强调了尾巴，以及在入场前保持自信。现在我很高兴地向大家宣布，贝利高翘着自己的尾巴成功拿下了比赛。

第二十七章

平等对待

无论我们如何否认，在家里我们都有自己的最爱。我们最爱某位叔叔，总喜欢待在他身边；我们最爱妈妈或爸爸，貌似与其关系更亲密。而我们的父母也最爱某个孩子——尽管他们不愿意承认。没错，生活中我们也有最爱的狗狗和猫咪。我们试图避免过多地谈论这个话题，觉得如果对家里某只宠物表现出偏爱的话，我们就是坏人。当

然，我们爱家中所有的宠物，想给它们同等的关心和爱。但是，不管我们如何否认，总会有那么一只狗狗或猫咪与我们的感情更深厚。

苏珊在还是单身住公寓的时候领养了两只小猫咪——普斯和布茨。猫咪们白天睡在客厅沙发或椅子上，晚上就跳到床上和苏珊一起睡觉，这都是常事儿。跟猫咪单独住了很多年后，苏珊嫁给了 Jim。Jim 养了一条混血的拉布拉多犬，名叫鲁弗斯。而鲁弗斯已经习惯了坐在沙发上陪 Jim 看电视，在床上陪 Jim 睡觉。

鲁弗斯是条很绅士的狗狗，从来没有跟苏珊的猫咪闹过什么矛盾。苏珊没有养过狗狗，不知道它们也喜欢躺在沙发和床上睡觉。所以她让鲁弗斯在地板或狗床上休息、睡觉。每次鲁弗斯想跳到沙发或床上和大家待在一起时，都被苏珊制止了。而 Jim 也对苏珊的做法没有异议。他觉得这只不过是两家人同住一个屋檐下需要做出的一点改变而已，并且他相信最终一切都会很融洽，因为他看到苏珊对鲁弗斯的健康如此上心。

过了一段时间，当其他家人躺在沙发上看电视或晚上回屋上床睡觉时，鲁弗斯开始变得焦躁不安起来。它不停地来回踱步，已超出了苏珊的忍耐范围。于是苏珊联系到我，想知道为什么鲁弗斯老是在踱步。为此我与鲁弗斯聊了聊，它解释说自己不明白为什么不能和大家一起在沙发上看电视或上床睡觉。而苏珊并没有意识到此行为对鲁弗斯产生的影响。所以，苏珊决定在沙发角和床尾角分别铺上一张特殊的飞毯，这样鲁弗斯就可以和大家待在一起了。为此，鲁弗斯兴奋不已，终于如愿以偿地和大家一起待在沙发或床上，也不再来回踱步了。

在我们家，迷你雪纳瑞达斯特绝对是爸爸的贴心小棉袄。它喜欢和我待在一块儿，总是围着我转悠。它小的时候，我是第一个抱它的人，而直到现在我还会抱着它走家里那既长又陡的楼梯。我也会将其抱上卡车，放到为其安置牢固的狗狗座椅上。达斯特爱玩，这跟我的性格完全吻合。当它不缠着“哥哥”克莱默和它一起玩时，通常会缠着我跟它玩。不管我做什么、去哪里，它都会紧随其后。

为了使达斯特从我们这儿得到同等的关爱，我们在公园玩耍的时候，我妻子金姆会陪它遛弯儿。达斯特喜欢静静观察公园里的一切，只会在追赶我或者对克莱默找到的东西感兴趣而追赶它时，才会跑动起来。除此之外，它会悠闲地探索存在于周围的一切美好。

而克莱默绝对是妈咪的好儿子。从来家的第一天开始，它就喜欢上了金姆，不愿意离开她身边。几乎所有的狗狗和猫咪都会很快与我打成一片，我进门时好多还会朝我跑过来。但是我们的克莱默却花了很长一段时间才和我真正熟悉起来，才把我当作它推心置腹的伙伴。我猜它认为我已经拥有达斯特，所以金姆也需要一条只听她召唤的狗狗。

日常我们带狗狗去公园玩时，我们会加快一点儿速度。因为克莱默喜欢奔跑，总是迫不及待地往前冲。它还喜欢探索公园里的小径，只要有机会就会跑进树林里乱窜。我们给它起名叫“木先生”，因为它的最爱就是探索树林。

尽管您可能会与家里的某只宠物有更深的感情，但花时间跟每只宠物相处是很重要的。发现你们的共同之处，并与其度过高质量的时光，对你们都有益处。比如说，在玩耍、散步和大探险时，跟这只狗狗玩一会儿后，再和另一只狗狗玩一会儿。试着多去了解每一只狗狗的性格和能量，这样有利于您更好地了解它们的需求。而反过来，您的狗狗也会了解到您的性格和能量，也能更好地理解您的需求。这样，您和它们才能建立起最铁的关系。

对您的猫咪而言，这同等重要。您也需要弄清楚它们各自的性格、能量以及需求，而最好的方式就是和它们共处和独处。除了喂养它们以及关照其身体需要外，还可以抽时间和它们玩耍、锻炼，并创造机会和它们一起尝试新鲜玩意儿。

在我家，通常由我来照看猫咪。日行惯例便是每天早上它们都会问候我，然后跟我到它们的盘碗处吃饭。我会向每只猫咪询问其身体如何以及白天有何计划。我会让它们清楚当日的天气会如何，如果当日我有出行计划，我也会告知它们。如果有客人或其他工人到访，我也会提前通知它们，并要求它们如果想出门玩，一定要待在家附近并注意安全。

为了增加猫咪的新鲜度和趣味性，金姆偶尔会照顾它们。她会在晚上或周末喂它们，会跟它们一起在家附近各处花盆里栽种花草。它们总是对其很神往，因为只有不上班或周末的时候，金姆才会去看它们或者带它们做园艺。因为工作日都是由我照看猫咪，所以当换成金姆照顾它们时，一定会按照我日常与其交往的方式行事。她会问候每只猫咪，分别询问它们好不好，白天都做了什么事（或者将要做什么事，如果适应的话）。然后，她会告诉它们最新的天气预报和自己白天的计划安排。同时还会让它们知道是不是有客人或工人要到家里来。最后，她告诉它们要在家附近待着并保证自身安全。

为了营造安宁欢快的家庭氛围，平等地对待所有的宠物是非常重要的。我们都有自己的最爱，但我们并不能将之公之于众。相反，我们理应平等地给予它们关怀和爱，这样它们也会以同样的方式对待我们。

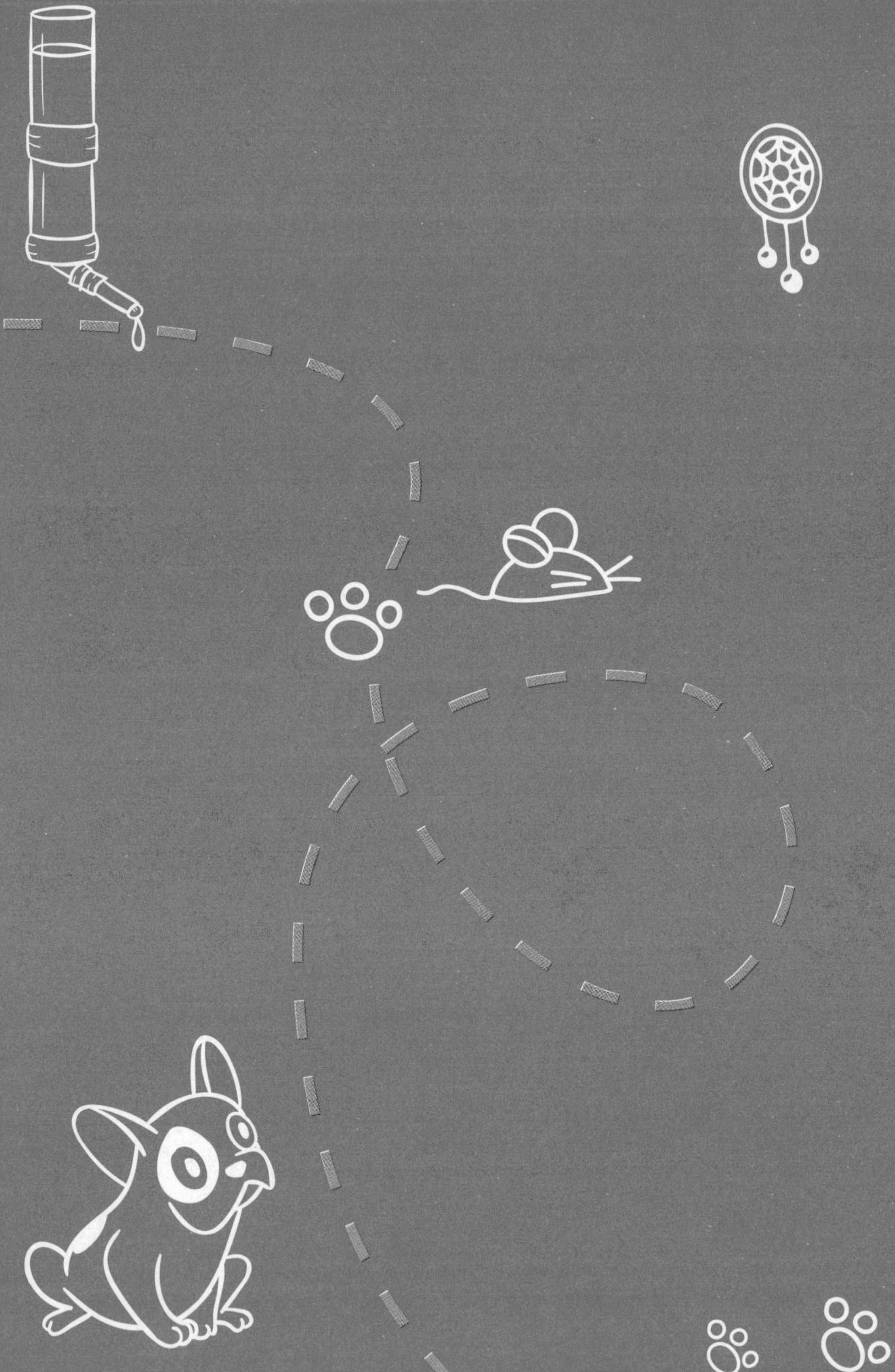

第二十八章

客人到访

有时候，客人到访会使猫咪和狗狗陷入焦虑或不安的状态。但你却可以先发制人，控制事态，防止任何混乱发生。

瓦内萨养了一只名叫 Precious 的花斑猫和一只名叫 Spirit 的舒柏奇狗。Precious 与 Spirit 以及其他家人相处得都极其融洽，它大部分时间都是躺在窗沿儿上晒太阳。而 Spirit 生性安静，很喜欢和瓦内萨待在一块儿。倘若没

有客人到访，世上恐怕没有什么事情可以烦扰到它们。只要有人按门铃，Spirit 就会狂叫不止。即便是家人已经过去问候了客人并将其领进家门，它还是会继续叫嚣。有时候它表现得过于压抑，瓦内萨不得不把它关进篱笆院里，让它平复一下心情。一旦看见它稍稍安静一点儿，瓦内萨便会将其带回屋。而 Precious 听到门铃会立马跑到楼上躲到床底下，直到客人离开才出来。在她将情况告诉我之前，瓦内萨从来没想过，只要提前与它们进行沟通，便能避免这种闹剧和对其产生的压力。

从那时起，瓦内萨就特别注意让 Precious 和 Spirit 知道客人会什么时间到访、客人会停留多久、希望它们帮助自己使客人感受到大家都很欢迎他来访，并且告诉它们这样大家都会很开心。实践证明，无论客人何时到访她家，这种沟通方法都非常给力。

当金姆和我得知我们的朋友要来访时，我让他们慢慢地驶入我家车道，快速扫一眼我家的猫咪们。大多数情况下，他们会发现我家其中一只半野猫会趴在车道上。这只猫通常是凯蒂妈妈，因为它很少离开我家官邸。此外，我们还让朋友们沿着车道慢慢往前开，注意看一下车道两侧，是不是凯蒂妈妈或其他猫咪正躺在房屋侧面各种灌木丛附近的利兰德柏树下，或者它们最爱的樱桃树下。

我们的猫咪似乎并不介意一些客人来我家，但它们却并不欢迎某些人来访。很多时候，它们并不在意邮递员，主要是因为他们通常会把包裹放在车道前的邮筒处。即便偶尔邮差把包裹送到前厅来，也很少打扰到猫咪们。除非在夜间很晚的时候，他们很少会到我家前厅来。但是 UPS 和联邦快递就另说了。他们的员工会把车停在车道前，发动机也不熄火，连着开关好几个门，然后沿着车道快步走向我家房子。那卡车的轰鸣声和柴油的刺鼻味已经让猫咪吃不消了，更何况还有一个陌生人扛着箱子或包裹沿着我家车道快步行进。这时，它们听到吵闹声，闻到异味，看上一眼，然后迅速躲进我家屋后的树林里。等吵闹声、刺鼻味和陌生人都消失的时候，它们会谨慎地从藏身之处跑出来，恢复常态，懒洋洋地趴着梳理自己的毛发。

尽管我每周六都会告诉我家的猫咪园艺工人会到家里来工作几个小时，可除了凯蒂妈妈外，其他猫咪都会迫不及待地离开。等我转身走开时，它们全都匆匆地跑出了院子。不管是割草机、修剪器，抑或是吹草机，它们统统都不喜欢。有几次园艺工人看见猫咪时，总是特别和善地对待它们，可猫咪们还是对其工作极度反感。这时，凯蒂妈妈通常会回到车库里待着，等待园艺工人离开。而在他们完工离开我家前，我们根本看不见其他猫咪的影子。

让狗狗做好客人来访的准备

使用关键词和意念：当为您的狗狗引见家里的来访客人时，我建议您和在外为其引见他人一样，运用相同的积极向上的关键词，并运用好意念（参照第十四章）。然而，狗狗一般在家里防御心理会更强。同时，它们会变得异常激动，无法专注于恰当正确地问候访客这件事。

提前告知狗狗：当我提前知道有人要来访时，不管达斯特和克莱默先前是否已经见过他们，我都会让它们知道将要发生什么事情。客人计划到访前的三十分钟内，我会跟狗狗们解释谁将要到访，我希望它们如何表现以及为什么它们会享受这个过程。起初，它们很兴奋，但很快就安静下来听我讲述一切，然后在客人来家前它们保持着放松状态。

在"中立之地"为其引见：同时，我还建议您在家里选择一个"中立之地"为狗狗引见到访的客人。此地可以是篱笆后院、开着库门的车库，如果拴着狗链的话，可以是前院，或者除了房门紧闭的房间外的任何场所。安排狗狗在中立区域会见客人可以减轻它们内心的恐惧，避免使其受到任何惊吓，比如门铃响或有人悄悄走进屋。此外，通常我们还会让客人抵达我家车道前给我们打电话，而不是直接按门铃。这样我们就有足够的时间召集大家一起去中立之地迎接客人。

一旦大家都来到中立之地，我们会等到狗狗都安静下来才开始正式问候客人，让客人轻拍它们。通常我会递给客人一两块零食，然后他们就可以拿着零食要求它们坐下。这样一来狗狗会更加安静下来，一心想要得到客人手中的零食，然后会乖乖表现而得到奖励。随后，我会要求狗狗带客人进屋，我们都会紧跟其后进到室内（这通常是狗狗比我们提前进屋的唯一机会）。

当您邀请客人来访时，请提前与您的狗狗和猫咪进行沟通，让它们知道谁会来、什么时间来，并提醒它们该怎么做以及为什么这样对大家都好。力争使所有人都感到轻松愉快，享受这个过程，而非使其带给大家压力，并由此滋生负能量。

第二十九章

天上掉下个小宝宝

对所有家庭而言，最激动人心的场景莫过于把小宝宝接回家的那一幕。对每个家庭成员而言，想到从此要和小宝宝一起生活就会异常兴奋。与此同时，这段时期也可能会是压力爆棚、充满戏剧性的阶段，毕竟有太多的事情需要我们去操心处理，习惯的日常生活也会被打乱。大家都沉浸在小宝宝到来的兴奋中，很容易就忽略了对您家狗狗

和猫咪产生的影响，因为家里突然多了一个需要关注、照顾和喂养的孩子。用脚趾头也能想到，因为小宝宝无法预知的日常安排，会使您家狗狗和猫咪将自己现有的日常作息时间忘得一干二净。就跟我们一样，它们也需要调整自己的作息来适应小宝宝的生活节奏。而此时如果处理不当的话，狗狗和猫咪的情绪压力也会随之而来。

在妻子金姆小时候，她就亲身经历了这样的阶段。当初我岳父母将刚出生不久的妹妹带回家时，并没有提前将此事告知他们的小不点儿豹纹暹罗猫。我敢肯定小不点儿其实已经感知到家里将有事情发生。小不点儿在很小的时候被岳父母带回家，那时金姆已经是一个大孩子了。所以小不点儿从未有过小宝宝突然从天而降的经历，根本没有一点心理准备接纳这个突然间要生活在同一个屋檐下，并且需要给予无尽关爱的小宝宝。

有一天，他们把金姆的小妹妹珍妮放在婴儿床上睡觉，然后就离开房间到楼下休息、吃东西去了。走的时候虚掩着门，这样小宝宝哭的时候他们就能听见。一切都很好，小宝宝一直在沉睡。过了一小时，我岳母决定上楼看看珍妮。透过门缝，她看见小不点儿正站在婴儿床边上，用鼻子闻珍妮的小脸。这可吓坏了我岳母，她不确定小不点儿会不会对小宝宝做出什么不良举动。当时，我岳母实在是太害怕了，一个箭步冲到婴儿床边，把小不点儿赶出了房间。那是小不点儿第一次面对面地接触小宝宝，我想它一定很困惑这个小宝宝到底是谁，为什么散发着和其他家人不同的气味。可以肯定的是，小不点儿跳到婴儿床上仅仅是出于好奇，想一探究竟，它并没有打算伤害小宝宝。但是，小不点儿确实不该待在婴儿床上，还离小宝宝那么近。我的岳父母也担心小不点儿不小心咬伤或抓伤小宝宝。打那时起，小宝宝睡觉的时候小不点儿再也没跑到婴儿床那儿或者靠近她。

一晃快三十年了，当年那个让小不点儿跳上婴儿床与其亲近的小宝宝，我的小姨子珍妮来我家做客。当时，她头胎怀孕几个月了。一天晚上，她回客房准备睡觉。我家雪纳瑞伍迪就想进她房间，睡前跟她玩一会儿。为此，金姆征求珍妮的意见，而珍妮答应了伍迪的请求。进屋后，金姆把伍迪放到床上和珍妮待在一起。它走到珍妮身边，嗅嗅她的大肚子，看着金姆不断地“呜呜呜”叫着。伍迪一直以来都很敏感，能够识别能量的变化。这时，它定是发现珍妮身上携带着一股附加的能量，也就是她肚子里的小宝宝，但是它并不确定这股能量到底是怎么回事。在这之前，我们疏忽了此事，忘记跟它讲珍妮怀孕的事情，更没想到它居然能感知到小宝宝释放的能量信号。对伍迪而言，小宝宝尚未出生对其并不重要，它只是感觉到了那股额外的能量，困惑此为何物、从何而来。

于是，金姆挨着她的妹妹和伍迪坐下来，跟伍迪解释当时的情况——她妹妹怀孕了，肚子里有个小宝宝，并在不久的将来会出生，而这就是它感知到的额外能量。同时，她要求伍迪表现得绅士、平和一点儿，告诉它怀小宝宝是一件很喜庆的事情，大家都为此很开心。听着这些话，伍迪马上安静了下来，闻了几次珍妮的肚子，然后又活泼高兴起来。后来，珍妮每次来做客，伍迪再也没有发出“呜呜呜”的声音，或者过分关注室内额外的能量。

首次带小宝宝回家的小建议

带小宝宝回家前，要让您的宠物们有所准备，以下是我的几点建议：

提前沟通：一旦发现了怀孕的迹象，就开始与您的狗狗和猫咪沟通交流。不管您相信与否，很多客户都曾告诉我在她们确认自己怀孕前，她们的狗狗和猫咪就开始兴奋并十分黏人。其实，宠物们早就感知到了家里的那股新能量。所以，当您怀孕或准备领养一个小宝宝时，请把情况提前告知您的宠物，跟它们讲清楚您希望它们待在小宝宝身边要保持镇静，表现出绅士风度，让它们知道将来又多了一个人关爱它们、和它们一起玩耍，让它们与您分享这份难掩的兴奋。

频繁交流：把小宝宝接回家前，确保您的狗狗或猫咪知悉并参与到此事中来。让它们看一看、闻一闻小宝宝的床具、衣服、毯子、奶粉和您老往家带的尿不湿。跟它们语言交流，告诉它们这些都是给小宝宝用的。每给它们展示一件婴儿用品，您都对它们讲一个诸如“绅士温柔”这样的关键词。如果它们轻柔地查看婴儿用品，您就要表扬它们的出色表现。每当您拿出一件婴儿用品或者给小宝宝带回来新物品时，都重复以上步骤。过一段时间，您的狗狗或猫咪就会明白原来这些物品不是为它们准备的，这样它们就会漠然视之。这样宠物就全程参与了迎接小宝宝的准备工作，等把小宝宝接回家的时候，它们已经对婴儿用品见多不怪了。

尽早且小心地为宠物介绍家里的新成员：当您带小宝宝回家时，一定要让您的狗狗或猫咪在第一时间问候小宝宝。当您抱着小宝宝时，请允许它们接近小宝宝。起初，它们可能不太想与小宝宝会面，因为它们能感受到小宝宝回家您万分兴奋之时散发出来的高频能量。但是最终您的宠物还是会想看看这个小可爱。只要有您在边上监督，可以让您的宠物和小宝宝待在一个房间里。最开始的时候，为了使宠物和小宝宝适应彼此，只在小宝宝吃奶或躺在您怀里时让它们彼此呈现在对方面前。我想您也不愿意在小宝宝哭天喊地的时候，让宠物与其首次见面。毕竟小宝宝的坏情绪不仅会改变您的能量，还可能会导致您的宠物不愿意接触小宝宝。

讲卫生：请悉心照顾您的小宝宝，不要让其沾染到宠物带回家的细菌或过敏源。您可以规划一下，在家里各个重要位置放一些湿纸巾，这样如果您用手轻拍过宠物或它们舔过您的手，那么在您抱孩子前，您就可以用湿纸巾将手擦干净。如果家里的宠物经常待在小宝宝玩耍、坐或躺着的地方，那么请您经常清扫这些区域并勤换垫在小宝宝身下的垫布。

保持参与度：无论家里发生什么事情，请允许您的狗狗或猫咪参与其中。任何行为的养成都需要用几周或上月的时间。您在照顾小宝宝的时候，请您也给宠物布置一些力所能及的任务。比如，让它们陪您一起到厨房里去拿奶粉或牛奶；让它们监督您频繁地给小宝宝换尿不湿；在沙发或床上，让它们挨着您躺着，给您暖窝等。狗狗和猫咪喜欢有事可做，也喜欢参与感。那么您做任何事情时，也可以让它们参与其中，如果它们表现得好，您也应该对其进行表扬。

不要担心：客户时而联系我，她们担心家里的狗狗或猫咪如何和小宝宝相处的问题，担心宠物会消沉失落，会觉得主人对它们的爱和关心大不如前。尽管您对宠物的关爱必不可少，但也不要因为自己的力不从心而感到深深的自责。如果您继续与宠物沟通，它们还是会理解您的难处。这样，它们还是会耐心地陪着您，知道您还关心爱护着它们。请您记住，它们的世界里不存在像厌恶、憎恶或仇恨等人类的自我情感。当宠物感受到您对它们的关爱时，即便这份关爱送达的时间和数量跟以前不同，它们还是会很开心。

按照预产期，苏珊和吉姆的女儿将于一个月后出生。我们可以理解，在这个阶段一切事情都极为混乱，她们觉得维持原先的生活方式实在是越来越难了。苏珊再也不能像孕前那样轻松频繁地去遛她家的金毛斯派克了，于是遛狗的担子就落到了吉姆身上，他只好在上班前和下班后带斯派克出去遛弯儿。

他们原先正常的日常生活是下午苏珊陪斯派克溜达一会。因为苏珊在家工作，所以下午出去遛狗根本不算什么困难，对斯派克和她自己而言都是美好的休闲时光。

斯派克是一条温顺爱玩的狗狗，喜欢叼着它心爱的玩具满屋子跑，也喜欢和他们一道去门口欢迎来客。但是，如果斯派克没有得到足够的关爱或者日常散步锻炼不达标的话，它就会变得躁动不安。所以，苏珊和吉姆两个人都在担心，一旦他们把小宝宝带回家，斯派克要如何应付这种局面。他们深知到那时日常生活会更加混乱，很可能会导致与斯派克玩耍和遛弯儿的时间越来越少。此外，他们还担心斯派克会把小宝宝当成新玩具，或者像它之前毁坏玩具那样伤害小宝宝。

为此，我建议苏珊和吉姆刻不容缓地开始和斯派克谈论小宝宝的事情。斯派克知道家里有所改变，但却不完全理解其中的原因。我还建议当斯派克接近小宝宝或婴儿用品时，他们专门选用一个诸如“温柔”之类的关键词。此外，我让他们告诉斯派克大约再过一个月就会把小宝宝接回家和大家一起生活，希望它温柔地对待小宝宝，这样大家都会为此感到开心。

我提醒他们要用意念去设想渴望得到的积极向上的结果。要求他们从现在开始把小宝宝的物品拿去给斯派克看，这时按照先前所讲的步骤做。当它不触碰婴儿物品时，您要及时表扬和感谢它。此外我还建议，一旦小宝宝接回家后，他们应该给斯派克一段时间观察小宝宝，在此过程中继续使用他们挑选的关键词。

一个月后，他们把小宝宝艾比接回了家。他们慢慢地为斯派克引见艾比，无论何时斯派克靠近她或者查看她的婴儿物品，他们都会使用像“温柔”这样的关键词，设想所预期的结果，并且保持镇静和自信。斯派克马上轻松地掌握了要领！它从来没有把小宝宝的任何物品当作自己的玩具。相反，它经常把自己的玩具叼来给艾比玩。它会待在艾比的婴儿床边上，来回换位置，或者轻摇小宝宝哄她入睡，从来没有特别靠近她或试图攻击她。即便是装满奶粉的奶瓶掉到地上，它都不会去碰。

对所有人而言，小宝宝的到来都是令人激动和开心的事情。只要您好好跟家里的狗狗或猫咪交流，它们也会同样兴奋和高兴。更重要的是，最终它们会成为小宝宝的新玩伴儿。

第三十章

新宠驾到

对宠物爱好者而言，带新狗狗或新猫咪回家是一件非常令人激动的事情。不管您带回家的是小狗崽或小猫崽，还是成年狗狗或猫咪，丝毫不影响当时的激动兴奋之情。自此，家里就增添了一名毛茸茸的家庭成员，等着你们去关爱它，和它共享时光。而您的新宠则加入到你们充满爱意的新家庭里，拥有了舒适的居所。这对所有人来说都再

好不过了——但这恐怕并不适用于家里已有狗狗或猫咪的家庭。你们是否考虑过这些新宠会给旧宠的生活带来何种影响吗？

其实，新宠的到来会给家里已有的狗狗或猫咪带来压力。如果事先没人将此事告知它们，让它们知道新宠将要永久留下来，那么情况会更加糟糕。各种问题会一股脑儿地涌入旧宠的心头，比如：这个新家伙是谁？家人会不会用新宠将我替代掉？我还会得到同等的关爱和食物吗？新宠会不会抢了我心爱的晒太阳的据点或者我的床铺？诸如此类的问题会层出不穷。

如果带新宠回家，而旧宠并未参与其中，那么一场灾难就会上演。宠物们就会为家里的层级地位以及家人的关爱程度而争风吃醋，甚至大打出手。它们都想一探究竟，看看新宠到底有多大的能耐，也看看旧宠到底有多大的担当。这一切都会引发宠物彼此间的打斗或者干脆谁也不理睬谁。

早在我领养狗狗马西的时候，我就亲身经历了一场变故。当时当地一家动物救助团体一直收养着马西，在我的一次图书签售仪式上，我的妻子金姆见到了马西，并对其一见钟情。马西是条超级甜美、安静和有绅士风度的迷你雪纳瑞犬，见到金姆时就蜷缩在她的膝下。它行为举止良好，受过家庭训练，从来不与收养的其他狗狗发生冲突。因为生性温顺，它在任何家庭里都不渴求当霸王犬。

一名志愿者带马西来我家做家访，想看看马西如何和我家的雪纳瑞伍迪和巴兹相处。把马西放到厨房地板上还没五分钟，骚乱紧接着就发生了。伍迪开始朝着它汪汪叫、吼叫甚至咆哮。而巴兹为了确保马西和伍迪都免受伤害，站在它们中间拉架。很快我就意识到，这对马西、巴兹、伍迪或我们来说都不是一种正常的家庭状态。于是，在接下来的半个小时里，我试着与伍迪沟通，让它安静下来。

当我们为收养马西而异常兴奋时却犯了一个错误，那就是在事先没有将此事告知伍迪和巴兹的情况下，将它带回了家。当时，伍迪的内心一定五味杂陈，思虑万千，我们必须说服它，让它明白一切都很好。一年多前伍迪因为一场突发性视网膜变性综合征而失去了视力，即便它什么也看不见了，但对马西一事却毫无帮助。所以，在我们事先没有告知它而陌生狗狗出现在我家的情况下，它做出了相应的回应。

我们从中吸取了教训，并为可能成为我们家庭成员的新狗狗们制定了一套计划。巴兹和伍迪死后，我们收养了皮球雪纳瑞达斯特。那时候，它还是一只小狗崽，我们知道要为此忙活一阵子。所以一年之内，我们让它单独和我们待在一起，没有收养其他狗狗。这样，我们都能形成各自有序的日常生活方式，金姆和我可以和达斯特共享玩耍的欢乐时光，也可以有充足的自由时间，我们其中至少有一人可以忙自己的事情，而另一个人照管达斯特。

达斯特第一个生日前夕，我们决定在家里为它安插一名小弟。我们知道另一条狗狗必须承认达斯特的领主地位，让它手握大权。达斯特生性爱争强好胜，执意要当老大。因为它实在太小了，只有九磅重，所以我们必须寻找一条温顺柔和的狗狗，这样和它一起玩或追逐的时候就不会意外伤到它。与此同时，我们还希望确保两条狗狗都能轻松愉快地会面，不管是首次见面还是后续会面。我们不希望达斯特的注意力都集中在守护它的家、玩具和食物上，所以我们为它们挑选了中立的会面场地：我家的篱笆后院。

我们事先告诉达斯特将有一条狗狗来拜访我们，希望它见到小伙伴的时候表现得轻松自然一些，带着小伙伴参观一下我们的家，并且告诉达斯特除非得到它的允许，不然我们是不会擅自收养那只小狗狗的。与此同时，我们在脑海里将新狗狗到来前的整个过程设想了一遍，并确保在此场景中我们都很平静，对双方会面充满了信心。

当地一家动物收容机构的志愿者带着一条雌性迷你雪纳瑞来我家拜访。它才六个月大，浑身充满了活力，已经比达斯特略高了。当新狗狗走进我家后院时，我们就知道它俩在一起并不合适。新狗狗太爱和达斯特玩闹，老想追赶它。幸好，我们都知道用狗绳拴着它们，以掌控全局。很显然，达斯特和新狗狗待在一起并不舒服，我们也有同样的感受。但是，实践证明在户外中立的场地让它们见面的确是个妙招。因为这个地方没有东西可以分散达斯特的注意力，它就不必担心捍卫自己的家园这个问题。

几个星期后，我们又为达斯特引见了克莱默，一条十五个月大的雄性迷你雪纳瑞。在一个晴朗的周六下午，我们还是安排在后院里同一块场地让它们会面，并抽出几个小时的时间让它们认识彼此。

起初的一个小时，我们让达斯特和克莱默互相接触。结果很明显，比起先前那只更幼小的迷你雪纳瑞，达斯特更敬重克莱默。我们从克莱默养主那里得知，它生性有耐心、很温和。等达斯特开始和它玩耍，和它摔跤时，这种性格就派上了用场。克莱默似乎喜欢达斯特，或者说它至少能容忍达斯特的小胡闹。而且它还挺敏感，我们能看出它对当前发生的一切并没有十足的把握。

由于第一个小时里，它俩在院子里表现得非常好，我们都觉得可以顺其自然地把它俩带到带天棚的后走廊，解开它们的狗绳。待在那儿的一小时里，它们表现得又很出色，所以我们决定带它俩去室内试试。当然，这时我们让达斯特带路，领着克莱默参观它的家。而克莱默在达斯特的引导下，开始参观客厅、厨房和走廊，一切似乎都合乎它的心意，克莱默也表现得很轻松自在。其实在室内待了一个小时后，我们都觉得克莱默非常适合来我家，但我们还是想再多了解了解，确保达斯特也同意我们的观点。于是，志愿者带着克莱默先行告辞了。过了几个小时，我们就打电话给养主，告诉他我想收养克莱默。

第二天，克莱默的女主人带着它来到了我家。刚开始进门的时候，达斯特并不欢迎她们。因为当时我正在车库里忙其他事情，达斯特不知道我在哪里，而克莱默又从车库前门经过径直朝我家走去，在这种状况下，达斯特心情有些不快。幸好当时达斯特不欢迎他们的行为并没有改变我们收养克莱默的决心，因为我们一致认为，一旦事情安顿下来，所有问题便会迎刃而解。

时至今日，克莱默已和我们一起生活了一年多，它和达斯特相处得超级融洽。实际上，当我们出门散步的时候，克莱默会像大哥哥一样照顾达斯特，如果达斯特落在它后面很远，它就会原路折回去看达斯特。或者如果它落达斯特太远而不见其踪影，达斯特又汪汪叫时，它就会立刻奔过去，确保达斯特安然无恙。

猫咪成功会面的故事

塔尼亚的猫咪要首次见她未婚夫家的猫咪，这时她联系到了我。他们计划过几个月就结婚，却发现两家的猫咪彼此还素不相识。按照既定规划，结婚后，塔尼亚和她的猫咪要搬到她未婚夫家住。所以我在想如何为猫咪引见彼此，还担心它俩不能愉快地相处。糟糕的是，她未婚夫家其中一只猫咪是出了名的屋霸，它眼里很难容得下第二只猫咪，当它发现其他猫咪待在可以俯瞰前院的落地窗外时，会变得很凶。

为了确保它们的首次见面顺利进行，我告诉塔尼亚马上着手做这件事，而不是拖到婚后。我建议她将眼下它俩的会面详细地告诉她的猫咪，让其知道他们的长期规划、她希望猫咪怎么表现、为什么这对于她的猫咪而言是一件好事。与此同时，我让她的未婚夫也同步进行此事，确保他家的猫咪知道将来要发生什么事情、该如何应对以及为何对大家来说这都是一件值得高兴的事情。他们听从我的建议，用意念设想了他们规划的整个流程场景，做下深呼吸，开始为两只猫咪引见彼此。

在首次带她的猫咪去她未婚夫家会见新伙伴时，我建议塔尼亚把自己的猫咪装进猫笼里并将其放到未婚夫的客厅里，这时未婚夫家的其他猫咪不能在此处出现。这样她的猫咪就会有一些时间适应她未婚夫家的新气味和新能量。

然后我建议她提着待在笼内的猫咪缓慢地到每个房间转转，依然避免与其他猫咪碰面。一旦待在笼内的猫咪在一定程度上有所适应，她就该让其他猫咪介入，然后为它们彼此引见对方。

此外，我建议她将首次会面的场所选在像车库或院落这种地方。或者如果他们执意坚持，也可以选在她未婚夫家猫咪不常出入的房间里。最好让她未婚夫家的猫咪审视待在猫笼内的塔尼亚的猫咪。首次会面安排，我建议简单化，将时间控制在十分钟内，足够让猫咪感知彼此的气息和能量。十分钟一过，我建议她表扬自己的猫咪，并奖励它一些好吃的，突出强调它给力的表现，然后开车带它回家。相应地，同样建议她的未婚夫也褒奖他的两只猫咪，然后带它们回家。

一周七天，天天如此，只是逐天增加它们共处的时间。一周后，我建议找一个中立的地方，将塔尼亚的猫咪从笼中放出来，但是要让猫咪们隔着一个小门对话和相处。这样猫咪们各自待在自己的地盘上也能看得到、听得到、闻得到对方，还能感知到彼此身上的能量。

几周后，如果猫咪们没有出现冲突的迹象，我就建议他们拿掉中间的小门，让它们彼此直接接触。他们按我的建议行事，猫咪们相处得出乎意外地好。起初，猫咪们都小心谨慎，离彼此远远的，即便在同一个房间里也会选择对立的墙根趴着或躺着。慢慢地它们越来越近，没过几周它们就共用饭盆和共享心爱的睡榻，并且一起在落地窗边沐浴阳光了。这种阶段性的方法确实奏效了，如今他们连人带猫一家子在新房里愉快地生活着。

带新狗狗或猫咪回家的几点建议

当您带新宠物回家时，请确保：

·跟家里现有的宠物沟通，让它们知道将要发生的事情、您需要它们怎么做以及为何它们会喜欢和毛茸茸的新宠物一同生活；

·用意念设想顺畅的过程以及预期的结果；

·在户外或中立的场所让宠物们见面，而不是选在室内核心地点进行；

·在将会面地点转移到其他地方或室内核心场所前，先让它们在室外或中立之地待上一个小时；

·根据进展情况确定宠物们相处的阶段，从几个小时、几天到几周。

尽管一开始带新宠物回家可能会有压力，会怀疑自己是否做出了错误的决定，但请您记住一定要有耐心、保持镇定并且坚信一切都会好起来的。如果新宠物很适合您的家庭，您的直觉以及家里现有宠物的反应都会给您暗示。如果长期来看某只狗狗或猫咪很明显并不适合待在您家里，那么最好当机立断，不要耗其一生来处理那些不必要的冲突。毕竟，新宠物也本该快乐地生活着，有权寻找一个适合自己的理想家庭。

第三十一章

分享玩具和食物

如果您家跟我家一样，您的狗狗或猫咪会有许多玩具和各种各样的美食。但是如果某只爱宠不喜欢与其他宠物分享玩具和食物，我们该如何是好呢？

我家雪纳瑞伍迪是出了名的爱囤积家里的玩具。我家每个楼层里的众多狗狗玩具收纳箱里和柳条筐里装了上百个玩具。我过去老出差，车上也放了满满一袋子的玩具。从机场回家后，我把车停进车库，打开家门，巴兹和伍迪正在那儿等着我。它们欢迎我的方式总是一级棒，我知道我回家它们特别高兴。它们会用两条后腿站立着抱着我亲上好几分钟。然后，我们一起去洗衣房，我总在这里打开行李箱。它们翘首以待，想看看我给它们带回来什么玩意儿。我会先拉开行李箱上盖，它们会仔细地用鼻子翻找我衣物里藏着的玩具和食物。找到后，它们会含在嘴里，跑到客厅里去查看它们最新的惊喜。

我放在行李箱里的东西总是一式两份的，这样它俩就都有玩具或食物可带走。虽然它们俩都找到了各自的玩具和食物，但伍迪总是将巴兹的那一份也拿走，想占为己有。巴兹总是会容忍小兄弟胡闹，而自己却坐在一边失望地看着。我们知道必须想个办法让伍迪明白这并不是我们家的行事风格。于是，我们跟伍迪沟通，告诉它该做什么（让巴兹也拥有它该有的那份玩具或食物）、为什么要这样做（它的兄弟会更频繁地与它玩玩具）以及为什么这样做会使巴兹和我都开心。

“分享”是我为此选定的关键词。等狗狗们叼着玩具和食物跑到客厅后，我会跟在它们后面。如果伍迪下手囤积新玩具和食物，我们就出面把玩具或食物从它那里夺回来，将它们轻轻地排放在它俩各自的坐垫前。我要求伍迪“分享”这些玩具或食物。然后，我指着玩具和食物，打手势告诉它们各自只能拿一个。伍迪会抢占先机先挑一个自己想要的玩具或食物，将第二件玩具或食物留给它的兄弟享用。这时，我会表扬它做得很棒，与其共度美好的时光，宠爱它们，陪它们玩新玩具、吃新食品。

对待我家小顽童雪纳瑞达斯特和迷你雪纳瑞克莱默，我们也用了这招。达斯特老是爱收藏玩具，需要让它明白家里有足够的玩具供其玩耍。于是，我跟它交流，我希望它玩玩具的时候要懂得与它的兄弟分享，并温柔地对待它的兄弟。达斯特还小，时常需要提醒，我总会反复与其沟通并用上我们的关键词。通过这种方式，使它明白这才是玩玩具亘古不变的正确之道，而不是仅仅满足自己的喜好。

幸好，我们的猫咪并不太吝啬于共享资源。它们现在都长大了，对玩具并没有表现出多大兴趣。它们经常与其他猫咪共享食物和床铺。只有少数猫咪特别热衷于美食，而我家灰色平纹的艾什便是首当其冲的美食行家。它爱吃，好像永远都难舍食品袋里拿出来的松软的最后一口。我拆开食品袋时，一旦艾什听见声响，总会第一个冲过来占据前沿或中心的位置。其他几只猫咪闻声也跑过来盯着食品袋。艾什为此感到不快，以至于它经常朝着那几只猫咪嘶叫和挠它们。为了纠正它的这种不良行为，我和艾什进行了交谈，让它知道家里的食物足够它吃。每次给猫咪们喂食的时候，我都会使用“亲切些”这个关键词。这时，我会在艾什前面放一些食物，对它讲“亲切些”，然后再给其他猫咪喂食。随后，我又把注意力转移到艾什身上，再给它多添一些食物，让它享受美食。我表扬并爱抚艾什，告诉它刚才做得很棒，让其知道它已经领悟了我的关键词“亲切些”的真谛。

鼓励宠物学会分享的小诀窍

当要求狗狗或猫咪与其他宠物分享自己的玩具或食物时，我建议大家遵循以下几点：

与其沟通和运用意念：口头上用言语与其沟通，告诉宠物们它们需要与其他小伙伴分享自己的玩具和食物。同时，用意念设想出它们接收玩具和食物时您所期待的场景，跟它们讲清楚家里有很多玩具和食物，足够所有宠物享用。

选用一个关键词或言语：专门为此挑选一个关键词或几个关键词。使用像“温顺点儿”或者“放轻松”这类词语，以此强调在它们接收新玩具或食物时，您希望它们彼此该如何表现。请一定使用积极向上的关键词或词句，并且专场专用。

植入领袖原则：团队中有威望的“狗王”或“猫王”可以拥有先行选择权，只要确保它会与其他宠物分享即可。让它先行选择会让它觉得自己还执掌大局，也避免了它“号令”失灵后引起焦虑的情况。

表扬：一旦它们收到自己的新玩具和食物，并按照您的要求行事时，一定要对它们予以表扬。这招儿尤其适用于那些较为苛刻的狗狗或猫咪。您要让它们知道在与其他小伙伴分享玩具和食物方面，它们表现得很出色。

在一个动物群体中，非常重要的一点就是要等额分配资源、平等对待所有的狗狗和猫咪。如果宠物们为每个玩具或食物而争斗不休，对谁都毫无乐趣可言。本章介绍的方法能够使所有宠物都领会到分享的重要性，减少宠物间引发的冲突，还能防止您的狗狗和猫咪损坏玩具以及把玩具搞得到处都是。

致谢

永远感谢我的妻子金姆，谢谢她一直以来对我的关爱和支持。自我从事动物工作伊始，她便大力支持我，功不可没。她对所有动物的爱如滔滔江水永不停息，也教会了我很多东西。我不会忘记，是她让我全神贯注地写作，是她心甘情愿地倾注时间和精力帮我校对书稿。她是我的超级粉丝，我的“后盾”（她给予我的所有支持），我一切所作所为的灵感之源。上帝是如此眷顾我，让我拥有金姆这样的妻子。

诚挚感谢维多利亚·斯迪威尔女士，谢谢她为此书作序。她坚决拥护动物的热情无人可比。一直以来，她毫不动摇地支持我、支持我的工作。我何德何能能得到她如此的厚爱。我因有这样的朋友而感到无比自豪。

特别感谢所有为此书做注的才子佳人们，你们对此书提出的宝贵建议以及为动物所做的一切深深地触动了我。

十分感谢新世界图书出版社编辑部主任乔治亚·休斯女士，谢谢她相信我并看好这个项目。她的专业素养相当高，和她在一起工作很愉快。她为我所付出的一切，我会铭记于心。

感谢新世界图书出版社的所有工作人员，尤其要感谢市场总监兼副社长芒罗·马格鲁德先生、宣传部长莫妮卡·米伦坎普女士、封面设计师维姬·库斯柯夫斯基女士、字体设计师托娜·皮尔斯·迈尔斯女士、助理编辑乔纳森·韦奇曼以及总编辑克里斯汀·克什米尔女士。能与这样一支优秀的团队合作，我感到十分荣幸。

感谢我家的所有狗狗和猫咪，无论是曾经还是现在拥有的：伍迪、巴兹、达斯特、克莱默、凯蒂妈妈、鲁斯特、娜塔莎、艾什、尼希、班迪特和宝宝。作为我的良师益友，谢谢它们给予我那么多无尽无私的爱，带给我那么多欢乐。

最后，但同样重要的，感谢上帝赋予我这么多才能，让我能够帮助动物们表达自己的心声。

出 品 人：许　永
责任编辑：许宗华
特邀编辑：王佩佩
装帧设计：李双鑫
印制总监：蒋　波
发行总监：田峰峥

投稿信箱：cmsdbj@163.com
发　　行：北京创美汇品图书有限公司
发行热线：010-59799930

创美工厂
微信公众平台

创美工厂
官方微博